前　言

　　《中成药上市后安全性医院集中监测技术规范》（以下简称"本规范"）按照 GB/T1.1—2009《标准化工作导则 第1部分：标准的结构和编写》规定的规则起草。

　　本规范由中国中医科学院中医临床基础医学研究所提出。

　　本规范由中华中医药学会归口。

　　本规范负责起草单位：中国中医科学院中医临床基础医学研究所、世界中医药学会联合会中药上市后再评价专业委员会。

　　本规范指导委员会专家：王永炎、翁维良、晁恩祥、季绍良、杜晓曦、曾繁典、易丹辉。

　　本规范主要起草人：谢雁鸣、张允岭、马融、冼绍祥、朱明军、冷向阳、詹思延、刘建平、彭成、商洪才、赵玉斌、黎明全、刘健、李素云、温泽淮、孙晓波、杨忠奇、邹建东、孙洪胜、何燕、李学林、廖星、王志飞、黎元元、王连心、姜俊杰、常艳鹏、刘峘、张寅。

U0272995

I

引　言

中成药在发挥临床疗效的同时，安全性问题亦不容忽视。报告 ADR 有两种重要的途径，首先是自发呈报系统，即由国家食品药品监督管理总局（China Food and Drug Administration，CFDA）主导的，也是我国药品上市后安全监管中最常用的一种被动监测方法。作为早期预警系统，其作用是发现药品安全性信号，但具有无法计算不良反应发生率等局限性。其次是医院集中监测的主动监测模式，可计算药品不良反应发生率，观察不良反应发生特征。将医院集中监测与自发呈报系统相结合，共同推动药品上市后安全性再评价工作。为加强药品安全性监测工作，CFDA2013 年下发了《生产企业药品重点监测工作指南》（食药监安函［2013］12 号），从而指导企业开展重点监测工作。

目前医院的集中监测缺乏规范，如设计不合理、漏报、过程质量控制不严格、不良反应判读不规范等。因此，制定相关技术规范非常必要，有利于医疗机构规范开展医院集中监测，明确监测目的，并进行合理的监测设计、严格的质量控制等。

本规范参照国际药品上市后安全性监测模式和先进设计理念与方法，并在我国相关法律法规和技术文件指导的框架下，结合中成药自身特点以及我国的实际情况，制定中成药的医院集中监测技术规范。目的在于获得中成药不良反应发生率、类型、程度及临床表现，发现新的不良反应风险信号，确定危险因素，为制定风险管控计划提供依据，进而根据监测结论修改药品说明书，实现目标产品风险最小化，提高合理安全用药水平。

中成药上市后安全性医院集中监测技术规范

1 范围

本规范适用于开展中成药医院集中监测的医疗机构，可供从事中成药上市后安全性医院集中监测人员使用。

2 规范性引用文件

下列文件对于本规范的应用是必不可少的。凡是注明日期的引用文件，仅所注明日期的版本适用于本规范。凡是不注明日期的引用文件，其最新版本（包括所有的修改版本）适用于本规范。

GB/T1.1—2009《标准化工作导则　第1部分：标准的结构和编写》

《中成药临床应用指导原则》（国中医药医政发［2010］30号）

GB/T 16751.1—1997《中医临床诊疗术语　疾病部分》

GB/T 16751.2—1997《中医临床诊疗术语　证候部分》

《药品不良反应报告和监测管理办法》（2010年，中华人民共和国卫生部令第81号）

《常见严重药品不良反应技术规范及评价标准》（监测与评价综［2010］26号）

《生产企业药品重点监测工作指南》（食药监安函［2013］12号）

《药品和医疗器械突发性群体不良事件应急预案》（国食药监办［2005］329号）

《WHO药品不良反应术语集》（2003年，世界卫生组织）

《国际疾病分类标准编码［ICD-10］》（1992年，世界卫生组织）

《赫尔辛基宣言》（2013年，世界医学会）

《国家基本医疗保险、工伤保险和生育保险药品目录》（2009年，中华人民共和国人力资源和社会保障部）

《药物临床试验质量管理规范》（2003年，国家食品药品监督管理局令第3号）

3 术语及定义

下列术语和定义适用于本规范。

3.1

中成药 Chinese patent medicine

在中医药理论指导下，以中药饮片为原料，由国家食品药品监督管理总局批准的，按规定处方和标准制成具有一定规格的剂型，可直接用于防治疾病的制剂。

3.2

医院集中监测 Hospital-based intensive monitoring

在一定时间和一定范围（一个地区或数个地区的一家医疗机构或数家医疗机构）内，以患者或药品为线索，以住院患者和/或门诊患者为目标人群，详细记录患者全部使用该药品的情况，尤其密切关注不良事件/反应的发生特征、严重程度、发生频率以及新发不良反应等情况，是研究不良事件/反应发生规律的一种方法。

3.3

药品不良反应 Adverse drug reaction，ADR

合格药品在正常用法用量下出现的与用药目的无关的有害反应。

3.4

不良事件 Adverse drug event，ADE

药物治疗期间所发生的任何不利的医疗事件，不一定与药品有因果关系。

4 监测药品

中成药，特别是 CFDA 要求开展重点监测的中成药，以及药品生产企业自发监测的中成药。开展监测前，需从药品生产企业获取监测中成药的药学、药理学、毒理学等前期研究资料，并对监测中成药的安全性相关文献进行系统梳理，为方案设计提供支持。

5 监测人群

根据监测目的，监测期间使用被监测中成药的全部住院患者和/或门诊患者，至少使用了一次被监测中成药，无论用药时间长短，全部作为监测人群。若出现突发群体不良事件，即同一药品一个月内出现 3 例以上类似的严重不良事件或国家食品药品监督管理总局认定的严重药品突发性群体不良事件，则需监测特定的群体。

6 监测医疗机构

监测医疗机构的选择需考虑地域、级别、类别、条件、数量。医疗机构地域方面，需考虑我国不同地区的气候条件、生活习惯等对监测中成药安全性的影响，选择一定数量有代表性的医院；医疗机构级别方面，需选择二级或二级以上的医院；医疗机构类别方面，需结合临床使用情况合理选择适当的类别，包括西医综合性医院、中医医院、中西医结合医院等；医院条件方面，应选择医院信息系统完备的医疗机构，并且对医疗机构从事监测的积极性、人员能力等进行考察；医疗机构数量方面，需根据监测中成药使用量确定医疗机构数量。

7 监测者

负责监测的人员应具备以下条件：

——在合法的医疗机构中具有执业医师或执业药师、执业护士的资格，并接受过药品监测的相关培训。

——具备监测所要求的专业知识和经验。

——熟悉申办者所提供的与医院集中监测有关的资料与文献。

——遵守国家有关法律、法规和道德规范。

8 监测内容

——观察已知 ADR 的发生情况。

——观察有/无新的 ADR 的发生情况。

——靶向 ADE/ADR 的关联性、发生率、严重程度、风险因素等，包括：①临床研究、医疗实践中发现的中成药安全性信号；②严重不良反应，其严重程度、发生率、风险因素等仍不明确的；③同类产品（相同活性成分/组方、相同作用机理）存在的严重类反应，且重点监测中成药品也可能存在的；④省级以上药监部门或药品生产企业关注的其他 ADE/ADR。

——特殊人群使用中成药的 ADR 发生情况，特殊人群包括孕妇、儿童、老年人、肝肾功能损害患者、特殊种族/有遗传倾向或某种合并症的患者，以及上市前临床试验缺乏安全性数据的其他人群。

——观察到的可能与中成药使用等相关的其他安全性问题。

——针对药品监督管理部门要求开展的重点监测内容。

9 监测方法

9.1 设计类型

注册登记研究（前瞻性、多中心、大样本医院集中监测）。

9.2 样本量计算

9.2.1 一般计算方法

中成药可按照《生产企业药品重点监测工作指南》样本量要求。一般情况下，纳入统计分析的病例数量不应少于 3000 例，若是罕见 ADR 及特殊反应的病例数量达不到 3000 例时，应收集监测期内或近 5 年内的所有病例（不少于使用人数的 80%）信息。

9.2.2 特殊情况计算方法

对于偶发或罕见目标 ADR 发生率的中成药，应根据中成药的特点、监测目标以及相关统计学要求计算。首先，参考中成药或类似成分药物 ADR 的相关文献、中药生产企业以往已知的安全性信息及同行专家共识的结果，明确严重的 ADR 在用药人群中的发生率是否已知，然后，根据这些信息对预期严重的 ADR 发生率按照相关公式进行样本量计算。通常假定严重的 ADR 发生率服从泊松分布，考虑样本量的估算方法如下：明确预期的 ADE/ADR 发生率 λ，样本量为 N，参照国际通用的"三例原则"，即 $N = 3/\lambda$。

在实际研究中，应根据中成药的特性、研究目的、文献报道、预期 ADE/ADR 发生率、监测的影响因素、相对风险比等因素，进而估算监测所需的样本含量。

9.3 监测时间

每次监测时间从患者用药开始至用药结束，对患者在医院用药期间进行全程监测，必要时随访观察，以观察药物的延迟 ADR。

9.4 监测数据的收集

9.4.1 监测数据收集的来源

监测数据主要来自监测表和医院信息系统（Hospital information system，HIS）、实验室信息系统（Laboratorial information system，LIS）、影像归档和通信系统（Picture archiving and communication system，PACS）的信息。

9.4.2 监测数据收集的内容

9.4.2.1 患者一般信息、诊断信息和用药信息

所有监测病例均需收集此部分信息，具体内容可包括：一般人口学资料、既往史、过敏史、家族史等一般信息；中医诊断（包括中医病名、证候）、西医诊断信息；监测中成药的用药天数、规格、用法、用量等，静脉给药需要说明溶媒、滴速、注射室温、配液放置时间，合并用药，辅助疗法等用药信息。

9.4.2.2 ADE/ADR 信息

ADE/ADR 信息采集所用的监测表应参照 2011 年 SFDA 颁布的《药品不良事件报告表》，根据监测中成药特性，收集相关信息，主要包括患者一般信息、可疑中成药信息（批准文号、商品名称、通用名称和剂型、生产厂家、生产批号、用法用量、用药起止时间、用药原因）、ADE/ADR 表现、发生时间、轻重程度、处理及转归，ADR 与可疑中成药的关联性评价等内容，要特别注意监测中成药是否正确辨证合理使用。填写时使用的 ADR 术语应依据《WHO 药品不良反应术语集》，中医方面的术语包括中医病名、证候，应依据 GB/T 16751.1—1997《中医临床诊疗术语　疾病部分》、GB/T 16751.2—1997《中医临床诊疗术语　证候部分》。

9.4.2.3 HIS、LIS、PACS 信息

监测医疗机构具备 HIS、LIS、PACS，可从医院信息系统定期直接提取数据，内容可包括：

——住院信息。

——诊断信息，应特别注意是否正确辨证使用。

——医嘱信息（用药信息）。

——实验室检查信息。

——出院信息。

10 ADE/ADR 的判读和处理

10.1 ADE/ADR 的判读

10.1.1 三级判读

参照 2011 年卫生部发布的《药品不良反应报告和监测管理办法》（中华人民共和国卫生部令 81

号）及 2010 年国家药品不良反应监测中心发布的《常见严重药品不良反应技术规范及评价标准》对不良事件/反应进行判定。

ADE/ADR 的判读需依次经过监测者、监测医疗机构专家委员会、高层专家委员会（省部级管理部门组织的不良反应判读专家组）的三级判读，确定最终的 ADE/ADR 及其程度。一级判读由监测者完成，对于发生可疑 ADE/ADR 者，监测者首先应判定为 ADE，再根据其因果关系判定是否为 ADR；确实难以判定者，需保留患者全部原始病历、怀疑药品及相关材料，移交至监测医疗机构专家委员会判读。二级判读由监测医疗机构专家委员会完成，需召开专家会议讨论，检查本医院监测病例全部相关记录，重点核查所有 ADE/ADR 的记录，对有疑问的病例需调阅原始病历讨论并确定 ADE/ADR。三级判读由高层专家委员会完成，针对一、二级判读结果，逐一进行审核，确定最终的 ADE/ADR。

10.1.2 结合药学、药理学、毒理学资料进行 ADE/ADR 判读

要充分了解监测中成药的药学资料（原药材品种、产地、采集时间、储存条件、炮制、工艺、质量标准等）、药理学、毒理学相关资料，进行 ADE/ADR 的判读。

10.1.3 结合患者机体情况进行 ADE/ADR 判读

应结合患者的年龄、性别、基础疾病、由体质因素导致的个体差异、精神因素、种族、环境等因素，进行 ADE/ADR 判读。

10.1.4 结合监测中成药的临床用药特征进行 ADE/ADR 判读

应充分考虑监测中成药的给药途径、用药剂量、用药时间、药品批号等进行 ADE/ADR 判读。另外，使用中成药时，应方证相应。因此，判读 ADR/AE 时，应辨别监测中成药的使用是否符合辨证论治原则。

10.1.5 合并用药情况下的 ADE/ADR 判读

临床中，中成药合并用药的情况众多，包括中西药合并使用、中药与中药的合并使用等。判读 ADE/ADR 时，需充分考虑合并用药与 ADE/ADR 的相关性。首先，了解监测中成药的已知 ADR 类型及特征，合并用药的已知 ADR 类型及特征，以及监测中成药和合并药物合并使用时可能导致的已知 ADR 类型及特征，深入了解两者用药时间关系，最后结合具体情况进行分析判断。中药与中药配伍时，要注意是否有违反十八反、十九畏等配伍禁忌的情况。

10.2 ADE/ADR 的处理

10.2.1 一般不良事件/反应的处理

首先应进行判读，明确是否由监测中成药所致，一旦怀疑或确定由监测中成药引起的 ADR，首先必须及时停用可疑的药品，再根据具体情况进行适当的处置，其治疗原则和其他常见病、多发病一致。

10.2.2 严重不良事件/反应的处理

严重不良事件/反应是指因使用药品引起以下损害情形之一的反应：

——致死。

——致癌、致畸、致出生缺陷。

——对生命有危险并能够导致人体永久的或显著的伤残。

——对器官功能产生永久损伤。

——导致住院或住院时间延长。

——导致其他重要医学事件。

——其他。

如出现上述所列情况，首先应立即停止可疑中成药使用，然后针对具体情况选择适当的方法对症处理。

对于群体严重不良事件/反应，按照国家食品药品监督管理总局颁布的《药品和医疗器械突发性

群体不良事件应急预案》，分别由省级以上人民政府、国家食品药品监督管理总局认定后宣布启动相应的应急预案。

11 监测质量控制

11.1 监测质量监查体系的建立

监测质量控制是保证监测数据真实、准确的关键措施。应建立质量控制三级检查制度，包括一级检查、二级监查、三级稽查，以了解监测质量以及监测中遇到的问题，并及时解决。

11.1.1 质量监查体系的构成

一级检查：是监测医疗机构内部执行的自检。由各监测医疗机构的主要监测者在本单位内指派一名专职的质量检查员进行质控检查。需检查 100%的原始资料，频率至少每周一次。

二级监查：由有监测培训合格证书的监查员定期对监测医疗机构进行监查，确保各监测医疗机构能够正确地实施监测方案和记录监测数据，需检查 100%的原始资料，频率为至少每 2 周一次。

三级稽查：稽查由不直接涉及监测的有资质的人员承担，评估监测的实施情况，主要涉及监测中执行监测方案、标准操作规程（Standard operating procedure，SOP）、相关法律法规的依从性等，频率至少每 24 周一次。

11.1.2 监测质量监查的主要内容

监测质量控制的主要内容包括：监测医疗机构、监测者、监测支撑条件、监测进度、监测是否执行监测方案、监测档案管理、监测文件、电子数据采集系统（Electronic data capture system，EDC）数据、不良事件。具体参见附录 A（资料性附录）。

11.2 监测质量控制培训制度

在监测开始前，应对所有监测相关人员进行统一培训，包括监测者、数据管理员、监查员等，培训内容是监测实施方案、监测表填写方法、EDC 的操作方法、ADE/ADR 判断及处理、样本采集方案（必要时）、质量控制措施等。

12 监测数据的采集与管理

12.1 监测数据的采集

监测数据采集可使用电子数据采集系统，包括在线和离线两种方式。监测医疗机构可建立单机版数据库，或通过 EDC 平台以在线方式实时对监测数据进行采集、报告。监测医疗机构应设立数据管理员，负责监测表的录入与核查。应制定数据录入规则，实行独立双人双录。

12.2 监测数据的管理

12.2.1 监测数据答疑

当监查员/数据管理员发现填写的纸质表格有疑问，如空项、漏项、字迹不清、涂改等问题时，需要问询监测者，由其解答并修改。

12.2.2 数据清理和标准化

当监测结束，收集到所有的监测数据后，数据管理员应对所有数据进行清理，并进行标准化及编码，使数据在同一标准下进行有效整合。其中，ADE/ADR 标准化参考《WHO 不良反应术语集》，西医诊断、合并疾病等标准化参考《国际疾病分类标准编码［ICD－10］》，中医病名和证候标准化参考 GB/T 16751.1—1997《中医临床诊疗术语—疾病部分》、GB/T 16751.2—1997《中医临床诊疗术语—证候部分》，西药名称标准化参考药品 ATC 编码（世界卫生组织药物统计方法整合中心 2006 年制定），网址：www.atccode.com。中成药名称可参考《国家基本医疗保险、工伤保险和生育保险药品目录》。

13 监测数据统计分析

监测数据应由独立的第三方专业医学统计人员制定统计计划，参与从监测设计、实施至分析总结的全过程。根据监测目的利用适当的统计分析方法对数据进行合理分析，并提供统计报告。

14 监测文件的归档与保存

安全性监测的档案资料均须按规定保存及管理。监测者应保存监测资料 5 年以上，申办者应保存监测资料 10 年以上。监测各阶段应保存的档案参照附录 B（资料性附录）。

15 伦理学原则

按照世界医学大会通过的《赫尔辛基宣言》，在监测实施前，监测方案需通过监测医疗机构医学伦理委员会审查，并同意实施，具体操作依据医疗机构伦理委员会管理办法执行。

16 监测注册

为提高监测过程的透明度，提高监测结果的认可度，减少报告及发表偏倚，在监测前，需完成监测方案的官方网上注册，如美国 Clinical Trials，网址：www.clinicaltrails.gov；中国临床试验注册中心（Chinese Clinical Trial Registry，ChiCTR），网址：www.chictr.org.cn。监测结束后，需将监测结果上传至所注册的官方网站。

17 专家委员会

专家委员会可以由学术委员会、数据与安全监察委员会、高层专家委员会共同组成，为监测的科学性、合理性与可操作性提供强有力的保障。专家委员会组成和具体职能见附录 C（资料性附录）。

附录 A

（资料性附录）

质量控制的主要内容

A.1 监测医疗机构

A.1.1 查验监测医疗机构的资质，应为二级或二级以上医院。

A.1.2 应有证据表明其具有符合监测要求的病源。

A.1.3 监测医疗机构应具有 HIS 和/或 LIS、PACS，并且能够及时提取数据。

A.1.4 监测医疗机构应设置药品不良反应监测部门，负责 ADR 上报及 ADR 判读。

A.1.5 监测医疗机构应成立不良反应专家委员会，负责 ADE/ADR 判读。

A.2 监测者

监测者包括：监测负责人、主要监测者、数据管理员、监查员、监测机构专家委员会。检查各类监测者的资质，具有接受培训的相关证明，并能保证有足够的时间参与监测。

A.3 监测支撑条件

A.3.1 工作场地

监测医疗机构应具有开展监测必要的病房、门诊，能在监测周期内收集足够的病例，保证监测工作顺利开展。

A.3.2 仪器设备

监测医疗机构具有监测所需的检测仪器设备等。

A.4 监测进度

质量检查时，应核对监测病例数与 HIS 中提取被监测中成药在监测时间范围内的使用频次是否一致，以判断是否漏报病例。

A.5 监测档案管理

A.5.1 管理文件

管理机构下发的通知、企业公函及监测合同等。

A.5.2 工作文件

监测方案、伦理批件、监测表样表、监测清单样表、知情同意书样稿（采集生物样本时使用）、生物样本采集登记卡样表（采集生物样本时使用）、生物样本运输交接表、质量检查清单等。

A.5.3 SOP 文件

监测表填写 SOP、数据录入 SOP、生物样本采集 SOP（采集生物样本时使用）、ADE/ADR 处理 SOP、监测者培训 SOP 等。

A.5.4 监测者履历/培训文件

监测者学历、职称等复印件，培训会会议记录、签到表、照片等。

A.5.5 质量检查文件

质量检查计划、清单，已完成的各级质量检查的记录、报告等。

A.5.6 会议资料

启动会、专家咨询会、方案论证会等会议资料。

A.5.7 其他文件

除以上文件外的文件。

A.6 监测是否执行方案

检查监测流程是否按照既定方案执行。

A.7 监测文件

A.7.1 监测表

A.7.1.1 真实性

与病历、医嘱相对应，保证可溯源。

A.7.1.2 规范性

监测表应用钢笔或签字笔书写，字迹规范清晰；记录应使用规范术语；按照填写说明规范填写。

A.7.1.3 完整性

完整填写监测表，勿缺项。

A.7.1.4 及时性

及时收集病例和填写监测表，一般要求在使用被监测中成药之后的 24 小时内填写。

A.7.1.5 准确性

通过与原始住院病历核对的方式，检查监测表和 ADR 病例表填写的真实准确性。

A.7.2 监测清单

监测清单包括监测表中的主要信息，如一般信息、诊断信息、用药信息、ADE／ADR 等，目的是方便查看纳入病例的主要信息及数量。检查监测清单填写是否完整，与监测表的病例数、信息是否一致。

A.7.3 知情同意书、生物样本采集登记卡及运输交接表

检查采集生物样本的病例是否附有知情同意书，知情同意书上的患者签名、医生签名等是否完整，是否在生物样本采集日期之前及时签署，与被采血患者电话联系，核实病例真实性与署名字迹的真实性，并核实患者是否留存了一份知情同意书。

检查生物样本采集登记卡及运输交接表的完整性、与监测清单的一致性。

A.7.4 生物样本储存和处理

检查生物样本的数量与记录是否一致，储存和处理是否符合监测规定的条件。

A.8 EDC 数据

检查 EDC 数据完整性、及时性、准确性。即 EDC 数据录入是否有缺项、是否在规定时间内完成录入以及与对应的监测表内容是否一致。

A.9 不良事件

A.9.1 不良事件上报数量

从 HIS 中查看使用被监测中成药期间，是否使用了抗过敏药物等处理不良反应的药品，若使用，则查阅该患者的原始病历记录，进而判断是否漏报了 ADE。另外，通过加强对监测者定期 ADR 相关知识的培训，对患者进行 ADR 知识宣教，使监测者和患者重视 ADR，并自觉自愿上报。

A.9.2 不良事件上报质量

A.9.2.1 不良事件表填写的及时性

应在发生不良事件后的 24 小时内填写不良事件表。通过查看原始住院病历中的不良事件发生时间，进而判断是否及时填写。

A.9.2.2 不良事件表填写的准确性

通过与原始病历核查的方式，检查不良事件表填写是否准确。

A.9.2.3 不良事件的判读

通过检查监测医疗机构不良事件专家判读意见表或高层专家委员会不良事件判读意见表，判断其不良事件判读质量。

A.10 质量控制

A.10.1 是否制订了切实可行的监查计划及其 SOP。

A.10.2 质量监查报告是否按计划全面详细地记录了检查及整改措施过程。如：是否按规定时间、规定数量、规定内容进行检查；对于质量监查报告中提出的问题，是否采取了整改措施及效果如何。

附录 B

（资料性附录）

监测文件归档与保存

B.1 监测准备阶段应保存的档案

安全性监测保存文件		研究者	申办者
1	监测者手册	保存	保存
2	监测方案及其修正案（已签名）	保存原件	保存
3	备案函（企业自发的监测，应于企业所在地省不良反应中心备案）	保存	保存
4	监查计划、数据管理计划、统计分析计划	保存	保存
5	监测表（样表）	保存	保存
6	财务制度	保存	保存
7	多方（研究者、申办者、合同研究组织）协议（已签名）	保存	保存
8	伦理委员会批件	保存原件	保存
9	伦理委员会成员表	保存原件	保存
10	监测申请表	/	保存原件
11	监测者履历及相关文件	保存	保存原件
12	临床监测有关的实验室检测正常值范围	保存	保存
13	培训证明	保存	保存
14	监查报告	/	保存原件
15	监测相关生物样本的冷链运货单	保存原件	保存原件
16	监测药品的药检证明	保存	保存原件

B.2 监测进行阶段应保存的档案

安全性监测保存文件		研究者	申办者
17	监测者手册更新版	保存	保存
18	其他文件（监测方案、监测表等）的更新版	保存	保存
19	新增监测者的履历	保存	保存原件
20	医学、实验室检查的正常值范围更新	保存	保存
21	监测清单更新版	保存	保存
22	监查员访视报告	/	保存原件
23	监测表（已填写，签名，注明日期）	保存副本	保存原件
24	监测者致申办者的严重不良事件报告	保存原件	保存
25	ADR 原始医疗文件	保存原件	保存
26	中期或年度报告	保存	保存

	安全性监测保存文件	研究者	申办者
27	监测者签名样张	保存	保存
28	原始医疗文件	保存原件	/
29	申办者致食品药品监督管理局、伦理委员会的严重不良事件报告	保存	保存原件

B.3 监测完成后应保存的档案

	安全性监测保存文件	研究者	申办者
30	监测清单（加盖公章）	保存	保存原件
31	全部 ADR 病例清单（加盖公章）	保存	保存原件
32	监测医疗机构的监测小结（加盖公章）	保存	保存原件
33	全部 ADR 病例讨论报告（加盖公章）	保存	保存原件
34	严重 ADR 或死亡病例的病历摘要及原始病历复印件	保存	保存原件
35	监测质量控制报告（加盖公章）	保存	保存原件
36	数据核查报告（加盖公章）	保存	保存原件
37	统计报告（加盖公章）	保存原件	保存原件
38	监测报告（加盖公章）	保存原件	保存原件
39	监测报告必要时报省不良反应监测中心备案函	/	保存

附录 C

（资料性附录）

专家委员会的构成与职责

C.1 学术委员会

C.1.1 组成

由临床医学/中医学、药学、流行病学和循证医学、统计学、政策法规、伦理学专家组成。

C.1.2 职责

C.1.2.1 负责顶层设计，对监测设计、模式、方案的优化等提出决策性的建议。

C.1.2.2 负责安全性监测方案的审批及方案的调整。

C.1.2.3 对监测全程督导。关注临床监测的进程；确保按照方案执行；关注与监测问题相关的最新信息，指定专门人员对监测质量进行稽查。

C.1.2.4 每6个月定期针对监测存在的问题召开讨论会。

C.2 数据与安全监察委员会

C.2.1 组成

由临床医学/中医学、药学、统计学、网络信息、流行病学和循证医学等专家组成。

C.2.2 职责

前瞻性、多中心、大样本医院集中监测需成立独立的数据与安全监察委员会，其主要职责是通过定期评估临床监测数据，包括对方案执行情况和患者的安全性信息等进行评估，检查项目实施的正确性及科学性。建立明确的工作机制，并及时提交相关报告。

C.2.2.1 根据数据和安全监查计划中规定的时间和措施，评价各个监测中心纳入的患者情况、数据流的形式、方案的执行情况等。

C.2.2.2 审查与评价监测中所收集的数据资料质量。

C.3 高层不良反应判读专家委员会

C.3.1 组成

由临床医学/中医学、药学、药理学、毒理学、药事管理、流行病学和循证医学、统计学、政策法规、伦理学专家组成。

C.3.2 职责

C.3.2.1 负责评价 ADE/ADR 与被监测药物的因果关系。

C.3.2.2 提供继续进行监测、修改实施方案或出现非预期的 ADE/ADR 时终止监测的建议。

参 考 文 献

［1］ 王永炎，杜晓曦，吕爱平．中药上市后临床再评价设计方法与实施［M］．北京：人民卫生出版社，2012.

［2］ 杨薇，谢雁鸣，王永炎．中医药临床实效研究－中药注射剂注册登记式医院集中监测方案解读［J］．中国中药杂志，2012，37（17）：2683－2685.

［3］ 曾繁典，石侣元，詹思延译．Brina L Strom, Stephen E Kimmel．药物流行病学教程［M］．New York：John Wiley & Sons（Asia）Pte Ltd，2008：28

［4］ Hurwitz N, WAE O L．Intensive hospital monitoring of adverse reactions to drugs［J］．British Medical Journal, 1969, 1 (5643)：531.

［5］ 王家良．临床流行病学［M］．北京：人民卫生出版社，2008.

［6］ Tubert - Bitter P, Begaud B, Moride Y, Abenhaim L. Sample size calculations for single groups post-marketing cohort studies. J Clin Epidemiol. 1994：47：435 - 439.

［7］ Wu, Y - Te, Makuch, R. W. Detecting rare adverse events in post - marketing studies：sample size considerations. Drug Information Journal 2006，(40)：87 - 96.

［8］ 任德全，张伯礼，翁维良．中药注射剂临床应用指南［M］．北京：人民卫生出版社，2011.

［9］ 戴自英，陈灏珠，林果为．实用内科学［M］．北京：人民卫生出版社，2009.

［10］ World Medical Association. World Medical Association Declaration of Helsinki：ethical principles for medical research involving human subjects［M］．World Medical Association, 2008.

［11］ 卜擎燕，熊宁宁，吴静．人体生物医学研究国际道德指南［J］．中国临床药理学与治疗学，2003，8（1）：107.

图书在版编目（CIP）数据

中成药上市后安全性医院集中监测技术规范/中华中医药学会编.—北京：中国中医药出版社，2017.2

ISBN 978 - 7 - 5132 - 4017 - 8

Ⅰ.①中… Ⅱ.①中… Ⅲ.①中成药 - 药品管理 - 卫生监测 - 技术规范 - 中国 Ⅳ.①R286 - 65 ②R954 - 65

中国版本图书馆 CIP 数据核字（2017）第 020247 号

中华中医药学会

中成药上市后安全性医院集中监测技术规范

T/CACM 011—2016

*

中 国 中 医 药 出 版 社 出 版

北京市朝阳区北三环东路 28 号易亨大厦 16 层

邮政编码 100013

网址 www.cptcm.com

传真 010 64405750

廊坊市晶艺印务有限公司印刷

各地新华书店经销

*

开本 880×1230 1/16 印张 1 字数 33 千字

2017 年 2 月第 1 版 2017 年 2 月第 1 次印刷

*

书号 ISBN 978 - 7 - 5132 - 4017 - 8 定价 15.00 元

中华中医药学会

中成药上市后安全性医院集中监测

技术规范

T/CACM 011—2016

*

中国中医药出版社出版

北京市朝阳区北三环东路28号易亨大厦16层

邮政编码 100013

网址 www.cptcm.com

传真 010 64405750

廊坊市晶艺印务有限公司印刷

各地新华书店经销

*

开本 880×1230 1/16 印张1 字数33千字

2017年2月第1版 2017年2月第1次印刷

*

书号 ISBN 978-7-5132-4017-8 定价 15.00元

*

社长热线 010 64405720

读者服务部电话 010 64065415 84042153

书店网址 csln.net/qksd/

ISBN 978-7-5132-4017-8

中 华 中 医 药 学 会

ZYYXH/T173—2010

中医养生保健技术操作规范

砭 术

Technical Specification of Health Preservation and
Prevention of Chinese Medicine
Bian-Stone Technique

2010-12-23 发布

2011-01-11 实施

中国中医药出版社

目　　次

前言 ……………………………………………………………………………………………（Ⅰ）

引言 ……………………………………………………………………………………………（Ⅲ）

ZYYXH/T173-2010 砭术 ……………………………………………………………………（1）

1　范围 …………………………………………………………………………………………（1）

2　规范性引用文件 ……………………………………………………………………………（1）

3　术语和定义 …………………………………………………………………………………（1）

　3.1　砭术 ……………………………………………………………………………………（1）

　3.2　砭具 ……………………………………………………………………………………（1）

　3.3　砭石 ……………………………………………………………………………………（1）

　3.4　砭石疗法 ………………………………………………………………………………（1）

　3.5　砭石物性 ………………………………………………………………………………（1）

4　砭具的要求 …………………………………………………………………………………（1）

　4.1　砭石的安全性标准 ……………………………………………………………………（1）

　4.2　砭石的物性标准 ………………………………………………………………………（1）

　4.3　对砭具的外观、组合及加热的要求 …………………………………………………（2）

5　操作步骤与要求 ……………………………………………………………………………（2）

　5.1　施术前的准备 …………………………………………………………………………（2）

　5.2　操作方法 ………………………………………………………………………………（2）

6　施术时间与疗程 ……………………………………………………………………………（5）

7　注意事项 ……………………………………………………………………………………（5）

　7.1　集中注意力 ……………………………………………………………………………（5）

　7.2　使用时的力量 …………………………………………………………………………（5）

　7.3　面部的操作 ……………………………………………………………………………（5）

　7.4　颈部的操作 ……………………………………………………………………………（5）

　7.5　使用前的检查 …………………………………………………………………………（5）

　7.6　砭具忌摔 ………………………………………………………………………………（5）

　7.7　电热砭石温度的调节 …………………………………………………………………（5）

　7.8　砭具的消毒 ……………………………………………………………………………（6）

　7.9　砭具使用后的注意事项 ………………………………………………………………（6）

8　禁忌 …………………………………………………………………………………………（6）

　8.1　不宜使用砭术的情况 …………………………………………………………………（6）

　8.2　妊娠妇女的注意事项 …………………………………………………………………（6）

　8.3　皮肤病患者的注意事项 ………………………………………………………………（6）

　8.4　不宜立即使用砭术的情况 ……………………………………………………………（6）

9　施术过程中可能出现的意外情况及处理措施 ……………………………………………（6）

　9.1　意外情况 ………………………………………………………………………………（6）

9.2　处理措施 ··· （6）

附录 A ·· （6）

附录 B ·· （9）

前　　言

养生保健是指在中医药理论指导下，通过各种调摄保养的方法，增强人的体质，提高人体正气对外界环境的适应能力和抗病能力，使机体的生命活动处于阴阳和谐、身心健康的最佳状态。

《中医养生保健技术操作规范》（以下简称《规范》）是我国用于指导和规范传统中医养生保健技术操作的规范性文件。编写和颁布本《规范》的目的在于为目前众多的保健医师与保健技师提供技术操作规程，使日趋盛行的中医养生保健技术操作更加规范化、更具安全性，从而使之更好地为广大民众的健康服务。

《规范》是国家中医药管理局医政司立项的养生保健规范项目之一，于 2008 年 12 月正式立项。2009 年 1 月，中华中医药学会亚健康分会在北京成立《中医养生保健技术操作规范》编写委员会，组成如下：名誉主任马建中，主任委员许志仁，副主任委员桑滨生、李俊德、曹正逵、孙涛；总审定张伯礼，总主编孙涛，副总主编朱嵘、刘平、樊新荣，编委（按姓氏笔画排序）马建中、孙德仁、孙建华、孙涛、朱嵘、许志仁、李俊德、刘平、张伯礼、张维波、忻玮、杨晓航、庞军、贺新怀、桑滨生、徐陆周、曹正逵、彭锦、雷龙鸣、樊新荣。编写委员会设计论证了《规范》整体框架，首先组织编撰《膏方》部分作为样稿，并对编写体例、内容、时间安排和编写过程中可能出现的问题进行了讨论。2009 年 4 月，《膏方》初稿完成并提请邓铁涛、余瀛鳌、颜德馨等著名中医专家审定。2009 年 5 月，中和亚健康服务中心组织召开《规范》编撰论证会，同时对编写内容进行了分工并提出具体要求。《规范》由中医养生保健技术领域权威专家编写。每一具体技术规范以权威专家为核心形成编写团队，并广泛听取相关学科专家意见，集体讨论后确定。2009 年 8 月，召开《规范》编撰截稿会议，编写委员会就编写过程中存在的一些专业问题进行了沟通交流，广泛听取了相关学科专家意见，为进一步的修订工作奠定了良好的基础。2009 年 12 月，《规范》8 个部分的初稿编写工作完成，以书面形式呈请国家中医药管理局"治未病"工作咨询组专家王永炎、王琦、郑守曾、张其成等审阅。2010 年 1 ~ 4 月，听取标准化专家就中医养生保健技术标准化工作的建议，讨论了初稿编写过程中存在的问题和解决的措施。2010 年 5 ~ 8 月，经过多次沟通交流，编写委员会根据标准化专家意见，反复修改完善了编写内容和体例，之后将有关内容再次送请标准化专家审订。2010 年 9 月，初稿修订完成并在北京召开了审订工作会议。根据审订工作会议精神，结合修订的参考样本，参编专家对《规范》进行了认真修改并形成送审稿。之后，编写委员会在综合专家建议的基础上对部分内容进行了进一步讨论和修改，并最后定稿。

《中医养生保健技术操作规范》包括以下 8 个分册：

《中医养生保健技术操作规范·脊柱推拿》

《中医养生保健技术操作规范·全身推拿》

《中医养生保健技术操作规范·少儿推拿》

《中医养生保健技术操作规范·膏方》

《中医养生保健技术操作规范·砭术》

《中医养生保健技术操作规范·艾灸》

《中医养生保健技术操作规范·药酒》

《中医养生保健技术操作规范·穴位贴敷》

本《规范》依据 GB/T 1.1-2009《标准化工作导则 第 1 部分：标准的结构和编写》编制。

本《规范》由中华中医药学会提出并发布。

本《规范》由中华中医药学会亚健康分会归口。

《规范》审定组成员：许志仁、桑滨生、李俊德、王琦、沈同、孟庆云、郑守曾、徐荣谦、刘红旭、刘平。

王永炎、邓铁涛、颜德馨、余瀛鳌、张其成等专家对《规范》进行了审订并提出许多宝贵意见，在此一并表示感谢。

引　言

砭术是指使用石制或以石制为主的器械进行按摩、温熨等操作的养生保健技术，其中的石制或以石制为主的器械称为砭具，适合制作砭具的特定石头称为砭石。砭石在古代的文献中同时具有砭具和砭术的含义，砭术用于医疗机构，以治疗为目的，则称为砭石疗法。砭石（具）曾是古代的一种针灸器具。砭术是一种古针灸术，在《黄帝内经》中被列为古代五大医术（砭、针、灸、药、导引按跷）之首，是中医疗法的重要组成部分。由于制作砭具的佳石匮乏等原因，砭术自东汉以后逐渐失传。20 世纪 90 年代，在山东古泗水流域发现了一种特殊的石头，称为泗滨浮石，原用于制磬，后发现制成砭具进行医疗保健具有良好的效果，砭术被重新挖掘出来，并诞生了新砭具和新砭石疗法。新砭具和砭术在中医经络、腧穴理论的指导下，充分考虑了制作砭具石材（砭石）的物理特性和医学安全性，按照生物物理和生物力学等原理，使用具有优良物理特性、安全、易加工和易保存的石材，按照适合在人体经络穴位进行操作的原则，制作成一定形状或与其他材料组合形成的器械，针对健康人或处于亚健康状态的人施行器械按摩、刮痧和理疗，通过穴位刺激、理筋通脉和温养筋脉等方法，达到调节气血运行、脏腑功能、阴阳平衡的治疗保健作用。砭术具有五大特点：①无损伤、无传染、安全；②不刺入皮肤，痛苦小；③作用范围广，可对经筋、皮部甚至多条经脉同时作用；④作用方式多，有机械按摩、超声波和远红外等多种作用；⑤简便易学，无需专业解剖知识，老百姓可在家中自行操作。主要适应证包括腰腿痛、颈肩背痛、四肢关节风湿痛等骨关节类疾病，中风后遗症的康复，肌肉痉挛，痛经、月经不调等妇科类疾病和慢性疲劳综合征五个方面；对于头痛、头晕、感冒、近视眼、皮肤病、糖尿病、腹泻、腹胀、便秘、失眠、更年期综合征、美容和减肥等也表现出较好的效果。

本《规范》的编写和发布，对于规范砭术和砭石的概念及其操作规程有着重要的指导意义，适于广大砭术和刮痧从业人员使用。

本分册主要起草单位：中国中医科学院针灸研究所。

本分册主要起草人：张维波、谷世喆、耿引循、田宇瑛。

砭　术

1　范围

本规范规定了砭术的术语和定义、对砭具的要求、操作步骤与要求、施术时间与疗程、施术过程中可能出现的意外情况及处理措施、注意事项、禁忌。

本规范适用于中医养生保健技术——砭术的操作，为目前众多的保健医师与保健技师提供技术操作规程，指导砭具制作加工机构的生产，指导砭术刮痧（医）师以及个人合理使用砭术。

2　规范性引用文件

下列文件中的条款通过本规范的引用而成为本规范的条款。凡是注明日期的引用文件，其随后所有的修改单（不包括勘误的内容）或修改版均不适用于本规范，然而，鼓励根据本规范达成协议的各方研究并适时采用这些文件的最新版本。凡是不注明日期的引用文件，其最新版本适用于本规范。

GB/T12346-2006 穴位名称与定位

3　术语和定义

下列术语和定义适用于本规范。

3.1　砭术 Bian-stone technique

指在中医理论指导下，使用砭具进行的医疗保健技术。

3.2　砭具 Bian-stone tool

用适合于医疗保健的石料经打磨成特定形状，或以石料为主并与其他材料相组合，形成的医疗保健工具。

3.3　砭石 Bian-stone

具有生物安全性和良好生物物理学特性，以医疗保健为目的的特殊石头。

3.4　砭石疗法 Bian-stone therapy

使用砭具进行的医疗方法。

3.5　砭石物性 physical features of Bian-stone

指具有一定生物物理学效应的砭石物理特性，是保证砭石发挥医疗保健作用的重要方面，主要包括微晶结构、超声波和远红外三种特性。

4　砭具的要求

4.1　砭石的安全性标准

砭具作为人体医疗保健的工具，首先要保证制作材料——砭石的安全性。根据使用范围，可将其安全性分为医疗级和保健级两个等级。

4.1.1　医疗级标准

医疗级砭石可用于包括医疗机构在内的所有场合，其产销和使用范围不受限制。其安全性标准按照国家食品药品监督管理局对Ⅰ类医疗器械管理的统一安全标准《GB/T16886.5 体外细胞毒性试验》、《GB/T16886.10 刺激与迟发型超敏反应试验》进行检测，与皮肤接触的体外细胞毒性应不超过Ⅰ级，与皮肤接触的刺激性应不超过Ⅰ级，与皮肤接触的迟发型超敏反应应不超过Ⅰ级。

4.1.2　保健级标准

保健级砭石可用于保健美容场所和家庭个人，其安全性标准参照建设部与国家质量监督检验检疫总局联合发布的《GB6566-2001》A类装修材料标准的半量进行检测，其内照射指数 $IRa \leq 0.5$，外照射指数 $Ir \leq 0.65$。

4.2　砭石的物性标准

砭石物性是保证砭具发挥功效的重要方面。砭石物性按照结晶颗粒度、超声波成分和红外波谱带宽3个方面分为5个等级。砭石的结晶颗粒度：C级≤0.5mm；B级≤0.1mm；A级≤0.05mm。红外波谱带宽的最大波长：C级≥13μm；B级≥14μm；A级≥15μm。超声波成分：敲击标准大砭板，将声波进行频谱分析，应在20kHz以上频率区域（超声波区域）存在一定的超声波成分（若干个波），以幅度达到最大声频幅度10%以上的波计算：C级1个波，B级2个波，A级3个波。在以上分级的基础上，结晶颗粒度≤0.04mm，红外波谱最大波长≥16μm者为2A级；结晶颗粒度≤0.03mm，红外波谱最大波长≥17μm，超声波成分达到4个波者为3A级。达到3A级的砭石也称为砭具佳石。

4.3 对砭具的外观、组合及加热的要求

各种砭具中的砭石部分，其表面应保证平整、光滑，不得有深度裂纹和凹窝，以免在操作时造成人体皮肤的划伤。砭石与其他材料（如木制手柄）的衔接部位应牢固，与电子和机械器件的衔接应安全可靠。用热水浸泡加热砭块时，水温应在60℃～70℃，用电加热砭石时，砭石表面的温度应控制在37℃～53℃。

5 操作步骤与要求

5.1 施术前的准备

实施砭术前要全面了解受术者状况，明确诊断，做到手法个体化，有针对性，着重于解决关键问题。准备好施术时所需要的砭具，用75%医用乙醇擦拭消毒，大块砭石可用温水擦洗清洁，对电热温熨类砭具要提前加热。指导受术者采取合适的体位，加强与受术者之间的交流，使其解除不必要的思想顾虑。实施砭术前，首先要使背部等施术部位充分暴露，皮肤保持清洁干燥，无破损、溃疡以及化脓性皮肤病等影响操作的情况。

5.1.1 体位选择

受术者体位选择以无不适感觉，能有效暴露施术部位和有利于操作为原则。受术者常用体位：俯卧位、仰卧位、侧卧位、端坐位、伏坐位等。

施术者体位应以有利于施术者手法操作及减轻体力消耗为原则，常采用站立位和坐位，以前者更为常用。

5.1.2 介质选择与使用

使用砭具操作一般不需要润滑类介质，特殊情况下，可选择下列介质，实现辅助作用。

红花油有活血止血、消肿止痛之功，可用于心腹诸痛、风湿骨痛、腰酸背痛等。刮痧油或刮痧乳有清热解毒、活血化瘀、改善循环、解肌发表、缓解疼痛之功效，多用于络脉受邪的痧证。各种植物精油如薰衣草精油有镇静、安神、降压等功效，可用于心悸、失眠、高血压等患者。

5.2 操作方法

根据砭术手法动作形态的不同和砭石的物性，将砭术操作方法分为五大类，即摩擦类、摆动类、挤压类、叩击类和熨敷类。

5.2.1 摩擦类方法

5.2.1.1 刮法

使用板形砭具的凸边或凹边，竖立并沿垂直砭板的方向移动，对体表进行由上向下、由内向外单方向刮拭或往返双方向刮拭，一般以循经纵向为主，特殊情况下也可横向刮拭。在不要求出痧时，以皮肤表面微微发红为度。此法可活跃体表微循环，疏通经络，促进气血的运行。

砭术刮痧是使用板形砭具的凸边实施力度较大的刮法，并使皮肤表面出痧。此法以清热毒为主，可按照刮痧的基本要求加用刮痧油或刮痧乳，砭具与皮肤之间的夹角以45°为宜。

头部刮法可使用梳形砭板（砭梳子，附录A图1右上）的齿边进行刮拭，一般采用梳头式刮法，沿督脉、膀胱经和胆经由前向后顺序进行梳头样的操作，也可采用散射式刮法，即以百会为中心向四周刮拭。

5.2.1.2 推法

用手将块形砭具（如砭砧，附录 A 图 4 左）或球形砭具（如椭圆砭石，附录 A 图 5 左）按压于体表，做直线单向移动，用力稳重，速度缓慢均匀。常用于腰背、四肢部，以提升阳气，促进体液流动，疏通滞结。

上述刮、推二法，其中单向推刮时，其补泻特点同于针灸疗法中的迎随补泻，即顺经为补，逆经为泻，另外，也可以力度大、出痧重为泻，力度小、只发红为补。

5.2.1.3 抹法

用板形砭具的凹边，以小于 90°的角度，在体表做单向或往返轻柔、缓慢地抹擦。此法常用于头面、颈部桥弓、手足心、皮肤较薄距骨头较近的腕踝关节等部位，以皮肤微微发红为度。可开窍醒神，降压明目，疏导气机，滑利关节。

5.2.1.4 摩法

使用板形砭具的侧面接触皮肤，平行于皮肤，做快速的环转移动，使砭具产生大量而多频的超声波脉冲，从而发挥砭石独特的超声波物理性能。此法多用于关节、手足、面部等身体的曲面部位，可祛瘀散结，促进生物分子的运动，提高组织的能量代谢水平。

5.2.1.5 擦法

使用板形砭具的侧面接触皮肤，平行于皮肤，做快速的直线往复移动，使砭具产生大量而多频的超声波脉冲，从而发挥砭石独特的超声波物理性能。此法多用于肢体、躯干等身体的平直部位，可祛瘀散结，促进生物分子的运动，提高组织的能量代谢水平。

摩、擦二法对组织的作用力较小，常用于组织急性损伤疼痛较重拒按情况下的行气活血、消肿止痛。当使用一段时间受术者不感觉疼痛时，可适当增大砭具与皮肤的夹角，逐渐加大作用力度。

5.2.2 摆动类方法

5.2.2.1 揉法

使用砭具的弧面在体表摆动按揉，如用椭圆砭石的弧面（附录 A 图 5 左）对肢体和躯干部位进行大面积的移动揉压，用 T 形砭锥的指形头（附录 A 图 2 右）或砭镰的短边（附录 A 图 1 中）对足部、腕踝等细小肢体部位进行揉压。除直线运动外，还可以做旋转、前后摆动等运动，力度由轻到重，方向以纵向循经为宜，具有放松肌肉、活血祛瘀、行气导滞、消肿止痛的作用。

5.2.2.2 缠法

使用锥棒形砭具的尖端（如砭锥、砭擀指和 T 形砭锥的锥头，附录 A 图 2）或板形砭具的尖端（如砭板的角或砭镰的尾锥，附录 A 图 1 左、中）抵住穴位或压痛点，然后做高频往复摆动。该法可用于除头面及骨骼显露处以外的各穴位及压痛点，具有舒筋理脉、行气活血、散瘀止痛的作用。

5.2.2.3 滚法

使用锥棒形砭具的棒体部分（附录 A 图 2）压在体表，然后做往返滚动。此法多用于肩背腰臀及四肢各部肌肉丰厚的部位，具有舒筋活血、滑利关节、缓解肌肉韧带痉挛等作用。

5.2.2.4 划法

使用板形砭具（如砭板的凸边、小角，附录 A 图 1 左；砭镰的凸边，附录 A 图 1 中）或锥形砭具（如砭擀指的锥头，附录 A 图 2 中；T 形砭锥的刀形头，附录 A 图 2 右）沿经脉或肌肉的缝隙方向缓慢地划动，对某些粘连的间隙，可进行反复划动。该法常用于四肢和躯干部的经脉线上，可扩大经脉的组织间隙，达到化结通脉的作用。

5.2.2.5 拨法

用板形砭具较薄的凸边或锥形砭具（如 T 形砭锥的刀形头，附录 A 图 2 右）在肌腱或结节处沿垂直于肌肉的方向进行往返拨动，多应用于肌肉筋腱或结节性病变（经筋病），是针对较浅层组织的一种解结法。

5.2.3 挤压类方法

5.2.3.1 点法

使用锥棒形砭具的锥头、板形砭具的角或尾锥（附录A图1、图2），对相关穴位或病变局部施以压力，其力度由轻到重，以不刺破皮肤，能够耐受为度，尽量出现酸、麻、胀的得气感。锥度较小（钝）的锥头用于肌肉丰厚的臀部、大腿、肩头等处，锥度较大（尖）的锥头用于肌肉较薄的肢体、手足头面部。该法可起到类似针刺的调节作用，常用于禁刺部位、少儿惧针和晕针的情况。

5.2.3.2 按法

使用块形砭具的平面（如砭砧，附录A图4左）或球形砭具的弧面（如椭圆砭石，附录A图5左）置于体表，用单手或双手施加一定的压力，作用一段时间。此法多用于腰背及腿部，可放松肌肉，开通闭塞，活血止痛。

5.2.3.3 振法

在用砭具按压体表的同时，通过操作者力量的调节，使砭具产生一定频率的振动，作用于组织。此法可调和气血，祛瘀消积，愉悦精神。

5.2.3.4 拿法

使用球形砭具（如椭圆砭石，附录A图5左）或板形砭具（如砭板，附录A图1左）对肌肉做捏拿、提拉动作。此法主要施用于四肢肌肉，可舒筋活血，放松肌肉。

5.2.4 叩击类方法

5.2.4.1 拍法

使用板形砭具的侧面（如砭镰，附录A图1中）或块形砭具（如砭砧或砭尺，附录A图4）的平面有节奏地拍击身体的相应部位。砭具的平面要尽量与皮肤平行，不要用力过大，在接触皮肤后的瞬间，操作者停止用力并放松，使被拍击的组织有一个回弹。拍击频率可以因部位、体质而异。该法主要作用于肌肉丰厚之处，具有松解肌肉粘连，疏通经络的作用。

5.2.4.2 叩法

用板形砭具的突起部位（如砭板、砭镰的钝角，附录A图1左、中）或球形砭具的突起部位（如椭圆砭石的短弧边，附录A图5左）叩击穴位，此法可对穴位产生较大的力学刺激作用，以产生酸、麻、胀的得气感为佳。注意叩击时不要用力过猛，以免损伤软组织，频率可以因部位、体质而异。使用砭具对相应的穴位进行叩击时，叩击力度要以受术者感到类似得气的舒适感为宜，此法主要用于肌肉丰厚处的穴位，对其产生刺激作用。

5.2.4.3 刹法

使用板形砭具的两个边或球形砭具的弧边（如椭圆砭石的长弧边，附录A图5左）击打身体部位。板形砭具凸边的力度较大，可用于肌肉丰厚及不敏感的部位，凹边的力度较小，可用于皮肤较薄、骨头凸起的周边和弧度较大的身体部位；椭圆砭石的质量较大，只能用于臀部、大腿等肌肉极厚的部位。刹法的频率可以因部位、体质而异。该法主要用于肌肉丰厚的肩头、大腿等处，可放松肌肉，活跃气血。

5.2.5 熨敷类方法

5.2.5.1 温法

使用块形砭具（如大、小砭块，附录A图3），先将砭块放入60℃~70℃的热水里几分钟，然后拿出来擦干，平放于患处或经脉部分。如果感觉很热，可以先垫一个毛巾，待温度有所下降时再拿走。砭块的特点是面积较大，可以对多条经脉同时进行治疗。由于体积和热容量，砭块的温度可以维持一段时间，但总趋势是不断降低的。砭块的体积较大，更适合于做静止的温法，不太适合于手持做带运动的熨法。该法具有温经通络，祛寒散邪的作用。

5.2.5.2 清法

将块形砭具放在冷水或冰箱中适当降温,然后放置于受术者发热、红肿的部位。常将块形砭具中的砭砧(附录A图4左)置于额部和眼部做清法。此法有助于吸收人体内多余的热量,收缩血管,用于清镇退热及帮助红肿的部位消肿。

5.2.5.3 感法

将较小尺寸的佩戴类砭具放置或佩带于人体体表的不同部位,利用人体自身的热量加热砭石,使砭石发出一定的远红外能量,并进一步使体表感应增温,达到活跃人体气血的作用。

5.2.5.4 电热砭石温熨法

在砭石的内部或一面增加电加热元件和温度传感装置,并连接到相应的加热控温仪器上(附录A图6、7),使砭石的温度达到超过人体体温的较高温度,并保持恒温和精细控温,使砭石释放更多的热能和远红外能量,实现长时间、舒适的物理能量调养。该法主要用于风、寒、湿引起的痹证疼痛的缓解及补充人体的元阳之气。

目前已有几种类型的电热砭石,其中A型电热砭石(附录A图6下)为长方体,其大小便于持握,有一个弧形边和一个球形角,主要用于砭石的熨法(热按摩),可进行刮、拍、点、摩、擦等常规砭术手法,也可放在颈部、腘窝、丹田等部位做温法,补充元阳之气。B型电热砭石(附录A图7左下)接近方形,体积较大,主要用于温法,适合施加于表面大而平坦的人体部位,如肩部、腰骶部和膝部,对这些部位的寒痹疼痛有较好的缓解作用。用B型电热砭石也可做一定的手法操作,如压法。C型电热砭石(附录A图7右下)其面积与艾灸的加热面积接近,有一个固定用的松紧带,可绑于穴位处做灸疗,是一种新型的无烟灸法。用C型电热砭石也可在面部施行小范围的摩擦手法,改善局部微循环,实现美容和面部保健。另外,还有电热砭石床、(电)热砭石房等更大型的类似保健设施。

6 施术时间与疗程

实施砭术手法时间一般每次20~30分钟,电热砭石温法在达到设定温度后,可继续施术30~60分钟。疗程根据病情或个体情况,可采取每日或间日1次,5~10次为1个疗程。

7 注意事项

7.1 集中注意力

在砭术操作过程中,施术者和助手要全神贯注,手法操作要由轻到重,逐渐增加,切忌使用暴力;注意解剖关系和病理特点;认真观察受术者的反应情况,经常询问受术者的感觉,必要时调整手法。

7.2 使用时的力量

使用拍法和叩法时,力量不要过大,着力点要浅,次数勿多,以防止软组织损伤。

7.3 面部的操作

面部有痤疮者或疮疤时,不要使用力度较大的手法如刮法等。

7.4 颈部的操作

在颈部的侧面进行点揉按压时要注意此处的颈动脉,不可持续按压。

7.5 使用前的检查

使用砭具操作前,应检查砭具边缘有无破损、裂痕,以免划伤皮肤,不合格的砭具不能使用。

7.6 砭具忌摔

使用砭具操作时,注意不要让砭具与硬物碰撞,不要将砭具摔落到硬地上。

7.7 电热砭石温度的调节

使用电热砭石时,其电加热仪器的温度要从39℃逐步向上加温度,并询问受试者的感觉,不要直接使用较高的温度作用于人体,以防烫伤。

7.8　砭具的消毒

术后应对砭具进行消毒处理，可以浸泡于 1：1000 的新洁尔灭消毒液中 30 分钟，然后放在硬质盒中，存放在清凉、干燥处备用。

7.9　砭具使用后的注意事项

使用温熨类砭石进行操作后，受术者常会有出汗发热现象，会损失一定量的体液，故在术后可让受术者饮用一些温开水。电热砭石的电子加热部件在使用后，应关闭开关并拔掉电源插销，收好备用。

8　禁忌

8.1　不宜使用砭术的情况

不宜使用砭术的情况包括：某些感染性疾病或急性传染病，如丹毒、骨髓炎、急性肝炎、肺结核；有出血倾向者，如血友病或外伤出血者；手法操作区域有烫伤、皮肤病或化脓性感染者；急性脊柱损伤诊断不明者，或者不稳定性脊柱骨折以及脊柱重度滑脱者；肌腱或韧带完全或部分断裂的患者。

8.2　妊娠妇女的注意事项

妊娠妇女的腰骶部、臀部和腹部在怀孕前 3 个月和后 3 个月禁忌使用砭术。

8.3　皮肤病患者的注意事项

对皮肤病患者使用的砭具应保证专人专用。

8.4　不宜立即使用砭术的情况

凡遇过饱、过饥、醉酒、大怒、大惊、疲劳过度、精神紧张等情况，不宜立即使用砭术。

9　施术过程中可能出现的意外情况及处理措施

9.1　意外情况

实施砭术过程中可能出现烫伤、皮肤破损等意外情况。

9.2　处理措施

9.2.1　烫伤的处理

使用砭术温熨方法不当时，如出现一度烫伤（局部红肿），应将创面放入冷水中浸洗半小时，再用麻油、菜油涂擦创面。如出现二度烫伤（有水泡），大水泡可用消毒针刺破水泡边缘放水，涂上烫伤膏后包扎，松紧要适度。

9.2.2　皮肤破损的处理

若用力不当致皮肤破损，应做局部消毒处理，无菌纱布敷贴，破损较轻也可局部涂敷红药水，并避免在伤处操作，预防感染。

附录 A

（规范性附录）

砭具的分类

砭具是各种不同形状的砭石及砭石与其他材料如木材、电子器件、机械振动器件等组合而成的医疗保健工具的总称，根据使用的方法，可分为按摩类砭具、温熨类砭具、割刺类砭具和佩带类砭具。还可根据砭具的形状和组合方式分为板形砭具（如图 1）、锥棒形砭具（如图 2）、块形砭具（如图 3、4）、球形砭具（如图 5）、复合砭具（如图 1 中的砭镰、图 2 中的砭擀指）、电热砭具（如图 6、7）和振动砭具等。不同类型的砭具适用于不同的方法和部位，可产生不同的功效，是砭术的主要特色之一。

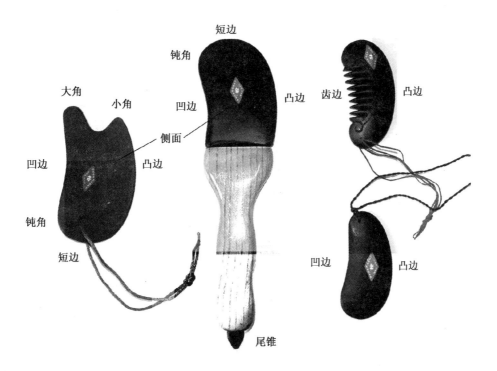

图1 板形砭具

左：砭板 中：砭镰 右上：梳形砭板 右下：肾形砭板

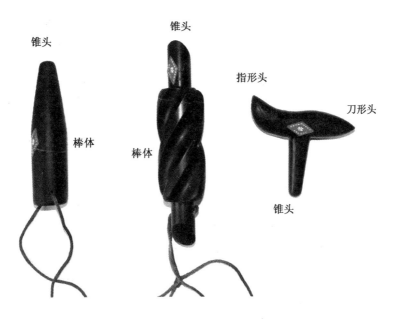

图2 锥棒形砭具

左：砭锥 中：砭擀指 右：T形砭锥

图3　块形砭具（一）
左：小砭块　右：大砭块

图4　块形砭具（二）
左：砭砧　右：砭尺

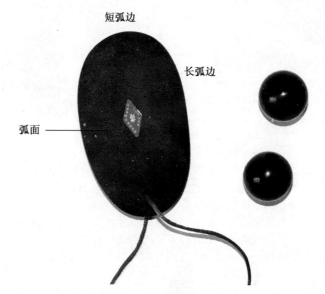

短弧边

长弧边

弧面

图5　球形砭具
左：椭圆砭石　右：砭球

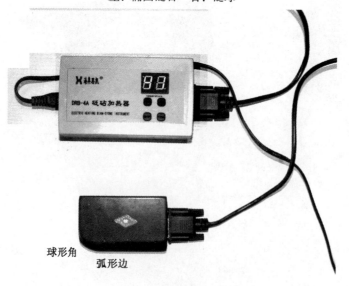

球形角

弧形边

图6　电热砭具（一）
下：A型电热砭石

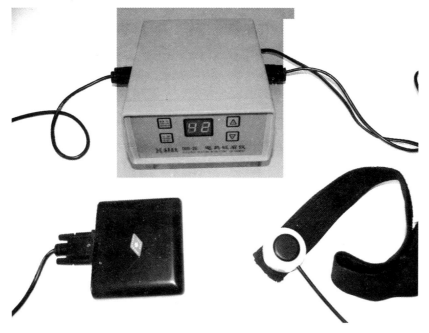

图7　电热砭具（二）
左下：**B** 型电热砭石　右下：**C** 型电热砭石

附录 B

（规范性附录）

砭术的适应证

砭术是在中医理论指导下，使用砭具进行的医疗保健技术，在本规范中主要用于亚健康状态的调治。此外，砭术对于腰腿痛、颈肩背痛、四肢关节风湿痛等骨关节类疾病、中风后遗症、肌肉痉挛、痛经、月经不调等妇科类疾病有较好的康复作用，对于头痛、头晕、感冒、近视眼、皮肤病、糖尿病、腹泻、腹胀、便秘、失眠、更年期综合征等病症，砭术可较好缓解其症状，在美容和减肥等方面也表现出良好的效果。

团 体 标 准

中医外科临床诊疗指南

2019-01-30 发布   2020-01-01 实施

中华中医药学会 发布

图书在版编目（CIP）数据

中医外科临床诊疗指南／中华中医药学会编. —北京：
中国中医药出版社，2020.7
ISBN 978 - 7 - 5132 - 5762 - 6

Ⅰ.①中…　Ⅱ.①中…　Ⅲ.①中医外科－诊疗－指南
Ⅳ.①R26 - 62

中国版本图书馆 CIP 数据核字（2019）第 236011 号

中华中医药学会
中医外科临床诊疗指南

*

中 国 中 医 药 出 版 社 出 版
北京经济技术开发区科创十三街 31 号院二区 8 号楼
邮政编码 100176
网址 www. cptcm. com
传真 010 - 64405750
廊坊市晶艺印务有限公司印刷
各地新华书店经销

*

开本 880×1230　1/16　印张 11　字数 316 千字
2020 年 7 月第 1 版　2020 年 7 月第 1 次印刷

*

书号 ISBN 978 - 7 - 5132 - 5762 - 6　定价 90.00 元

*

社长热线　010 - 64405720
购书热线　010 - 89535836
维权打假　010 - 64405753

微信服务号　zgzyycbs
微商城网址　https://kdt. im/LIdUGr
官方微博　http://e. weibo. com/cptcm
天猫旗舰店网址　https://zgzyycbs. tmall. com

序　言

为落实好2014年中医药部门公共卫生服务补助资金中医药标准制修订项目工作任务，受国家中医药管理局政策法规与监督司委托，中华中医药学会开展对中医临床诊疗指南制修订项目进行技术指导和质量考核评价、审查和发布等工作。此次中医临床诊疗指南制修订项目共计240项，根据学科分为内科、外科、妇科、儿科、眼科、骨伤科、肛肠科、皮肤科、糖尿病、肿瘤科、整脊科、耳鼻喉科12个专业领域，分别承担部分中医临床诊疗指南制修订任务。根据《2015年中医临床诊疗指南制修订项目工作方案》（国中医药法监法标便函〔2015〕3号）文件要求，中华中医药学会成立中医临床诊疗指南制修订专家总指导组和12个学科领域专家指导组，指导项目组按照双组长制开展中医临床诊疗指南制修订工作（其中有8个项目未按期开展）。在中医临床诊疗指南制修订专家总指导组的指导下，中华中医药学会组织专家起草印发了《中医临床诊疗指南制修订技术要求（试行）》《中医临床诊疗指南制修订评价方案（试行）》《中医临床诊疗指南（草案）格式说明及规范（试行）》等文件，召开中医临床诊疗指南制修订培训会及论证会20余次，组织专家280余人次召开25次中医临床诊疗指南制修订项目审查会，经2次中医临床诊疗指南制修订专家总指导组审议，完成中医临床诊疗指南制修订工作。其中，有171项作为中医临床诊疗指南发布，56项以中医临床诊疗专家共识结题，5项以中医临床诊疗专家建议结题。按照中医临床诊疗指南制修订审议结果，结合各项目组实际情况，对中医临床诊疗指南进行编辑出版，供行业内参考使用。

附：中医临床诊疗指南制修订专家总指导组和中医外科临床诊疗指南制修订专家指导组名单

中医临床诊疗指南制修订专家总指导组

顾　问：王永炎　李振吉　晁恩祥

组　长：张伯礼

副组长：桑滨生　蒋　健　曹正逵　洪　净　孙塑伦　汪受传
　　　　唐旭东　高　颖

成　员：谢雁鸣　李曰庆　裴晓华　罗颂平　杜惠兰　金　明
　　　　刘大新　杨志波　田振国　朱立国　花宝金　韦以宗
　　　　毛树松　卢传坚　赵永厚　刘建平　王映辉　徐春波
　　　　郭　义　何丽云　高　云　李钟军　郭宇博　李　慧

秘　书：苏祥飞　李　慧

中医外科临床诊疗指南制修订专家指导组

组　长：李曰庆

副组长：裴晓华

成　员：杨博华　王　军　杨素清　宋爱莉　阙华发　陈红风
　　　　刘　胜　卞卫和　夏仲元　潘立群　崔乃强　成秀梅
　　　　张燕生　喻文球　陈志强　朱永康

秘　书：曹建春

目　次

T/CACM 1150—2019　中医外科临床诊疗指南　有头疽 …………………………………… 1

T/CACM 1153—2019　中医外科临床诊疗指南　窦道 …………………………………… 17

T/CACM 1185—2019　中医外科临床诊疗指南　肉瘿 …………………………………… 29

T/CACM 1186—2019　中医外科临床诊疗指南　粉刺性乳痈 …………………………… 39

T/CACM 1199—2019　中医外科临床诊疗指南　乳核 …………………………………… 51

T/CACM 1202—2019　中医外科临床诊疗指南　下肢慢性溃疡 ………………………… 59

T/CACM 1205—2019　中医外科临床诊疗指南　阳痿 …………………………………… 71

T/CACM 1206—2019　中医外科临床诊疗指南　石淋 …………………………………… 81

T/CACM 1207—2019　中医外科临床诊疗指南　乳疬 …………………………………… 93

T/CACM 1235—2019　中医外科临床诊疗指南　冻疮 …………………………………… 101

T/CACM 1236—2019　中医外科临床诊疗指南　褥疮 …………………………………… 111

T/CACM 1242—2019　中医外科临床诊疗指南　股肿病 ………………………………… 121

T/CACM 1277—2019　中医外科临床诊疗指南　烧伤 …………………………………… 133

T/CACM 1304—2019　中医外科临床诊疗指南　肠痈 …………………………………… 147

T/CACM 1312—2019　中医外科临床诊疗指南　胆石症 ………………………………… 157

ICS 11.120
C 05

团 体 标 准

T/CACM 1150—2019
代替 ZYYXH/T180—2012

中医外科临床诊疗指南
有头疽

Clinical guidelines for diagnosis and treatment of surgery in TCM
Headed carbuncle

2019-01-30 发布

2020-01-01 实施

中华中医药学会 发布

前　言

本指南按照 GB/T 1.1—2009 给出的规则起草。

本指南代替了 ZYYXH/T 180—2012 中医外科临床治疗指南·有头疽，与 ZYYXH/T 180—2012 相比，除编辑性修改外，主要技术变化如下：

——增加了发病原因（见 3.1）；

——修改了临床表现（见 3.2，2012 年版的 3.1）；

——增加了检查中的组织病理和其他（见 3.3.3、3.3.5）

——增加了诊断要点（见 3.4）；

——增加了有头疽辨证中的阳虚毒恋证（见 4.1.5）；

——增加了合并内陷辨证（见 4.2）；

——增加了中医分证论治中的阳虚毒恋证（见 5.2.5）；

——修改了中成药（见 5.3，2012 年版的 5.3）；

——修改了中医外治法（见 5.4，2012 年版的 5.4）；

——增加了针灸治疗（见 5.5）；

——增加了并发症的处理（见 5.6）；

——增加了预防与调护（见 6）；

——增加了附录；

——增加了参考文献。

本指南由中华中医药学会提出并归口。

本指南主要起草单位：首都医科大学附属北京中医医院。

本指南参加起草单位：北京中医药大学第三附属医院、北京中医药大学东直门医院、辽宁中医药大学附属医院、上海中医药大学附属龙华医院、黑龙江中医药大学附属第一医院、中国中医科学院望京医院、天津中医药大学第一附属医院、北京市宣武中医医院、武警北京市总队医院、北京中医医院顺义医院、宁夏回族自治区中医医院、北京中医药大学东方医院、北京市鼓楼中医医院、北京市中医药大学循证医学中心。

本指南主要起草人：徐旭英、李曰庆、裴晓华、杨博华、曹建春、阙华发、王军、吕延伟、赵刚、焦强、霍凤、陈薇、蓝海冰、高京宏、王广宇、王海、代红雨、胡晓东、黄凤、孔晓丽。

本指南于 2012 年 7 月首次发布，2019 年 1 月第一次修订。

引　言

本指南主要针对有头疽的初起急性期、成脓期、溃后期，提供以中医药为主要内容的诊断、辨证和治疗、预防与调护，供中医外科医生、全科医生、急诊医生及其他相关科室医生参考使用。主要目的是推荐有循证医学证据的有头疽的中医药诊断与治疗方法，指导临床医生、护理人员规范使用中医药进行实践活动，加强对有头疽患者的管理，提高患者及其家属对有头疽防治知识的认识。

ZYYXH/T 180—2012 中医外科临床治疗指南·有头疽采用专家共识法制定，主要为头疽的辨证论治内治法，而有头疽的外治、调护、预后内容较少，本次修订结合各大医院既往临床研究，完善了对有头疽临床诊疗指南诊断、辨证及治疗等方面的修订。

本次修订工作组成员包括传统医学专家、医学统计学人员、循证医学专家等，通过多次会晤，对符合循证医学证据的文献进行探讨，对尚无循证医学证据支持的诊疗内容达成专家共识，顺利完成本次修订工作。

中医外科临床诊疗指南 有头疽

1 范围

本指南给出了有头疽的诊断、辨证、治疗、预防和调护的建议。

本指南适用于有头疽的诊断、治疗和预防。

2 术语和定义

下列术语和定义适用于本指南。

2.1

有头疽 Headed carbuncle

有头疽是发生在肌肤间的急性化脓性疾病,其特点是初起皮肤上即有粟粒样脓头,焮热红肿疼痛,并迅速向皮肤深部及周围扩散,脓头相继增多,溃烂之后状如莲蓬、蜂窝;肿胀范围常超过9cm²,大者可达30cm²以上。好发于项后、背部等皮肤厚韧之处。以中老年患者多发,尤其以消渴病患者多见,易出现内陷之证。

本病根据患病部位不同而有不同病名。如生于项部的,名脑疽、对口疽、落头疽;生于背部的,名发背、搭手;生在胸部膻中穴处的,名膻中疽;生于少腹部的,名少腹疽。多为葡萄球菌引起的多个相邻的毛囊和皮脂腺或汗腺的急性化脓性感染,相当于西医的痈。

3 诊断

3.1 发病原因

西医强调细菌感染的外部因素,而中医学认为其发病以内因为主,外因是发病条件。

外因为外感风温、湿热之邪侵入肌肤,毒邪蕴聚以致经络阻塞,气血运行失常。

内因为情志内伤,气郁化火,脏腑蕴毒,损伤气血;或由于平素恣食膏粱厚味、醇酒炙煿,以致脾胃运化失常,湿热火毒内生,伤于脏腑;或房室不节,劳伤精气,以致肾水亏损,水火不济,阴虚则火邪炽盛,感受毒邪之后,毒滞难化。阴虚之体,每因水亏火炽,而使热毒蕴结更甚;气血虚弱之体,每因毒滞难化,不能透毒外出,如病情加剧,极易发生内陷。

内外合致脏腑失合,经络阻隔,气血凝滞而发为本病。其中以外感为主者病情较轻,以内伤为主者病情较重。临床上消渴患者易发本病,且难于治愈。

3.2 临床表现

3.2.1 症状

患者自觉患处搏动性疼痛,可伴有发热、畏寒、头痛、食欲不振等全身症状,严重者可继发毒血症、败血症导致死亡。若兼见神昏谵语、气息急促、恶心呕吐、腰痛、尿少、尿赤、发斑等严重全身症状者,为合并内陷。

3.2.2 体征

初为弥漫性浸润性紫红斑,表面紧张发亮,触痛明显,之后局部出现多个粟粒样脓头,有较多脓栓和血性分泌物排出,溃烂之后状如蜂窝,伴有组织坏死和溃疡形成,可见局部淋巴结肿大。可采用应指法判断是否成脓。

应指法:浅表脓肿略高出体表,红、肿、热、痛及波动感。小脓肿,位置深,腔壁厚时,波动感可不明显。深部脓肿一般无波动感,但脓肿表面组织常有水肿和明显的局部压痛,伴有全身中毒症状。

3.2.3 分期

3.2.3.1 初期

局部皮肤突然红肿结块,肿块上有粟粒状脓头,作痒作痛,逐渐向周围和深部扩散,脓头增多,色红、灼热、疼痛。伴有恶寒发热、头痛、食欲不振。舌苔白腻或黄腻，脉多滑数或洪数。持续 1 周左右，此为一候。

3.2.3.2 溃脓期

疮面腐烂形似蜂窝，肿势范围大小不一，常超过 10cm，甚至大于 30cm；伴高热、口渴、便秘、溲赤等。如脓液畅泄，腐肉逐渐脱落，红肿热痛随之减轻，全身症状也渐减或消失，病变范围大者往往需 3～4 周。此为二至三候。

3.2.3.3 收口期

脓腐渐尽，新肉生长，肉色红活，逐渐收口而愈。少数病例，亦有腐肉虽脱，但新肉生长迟缓者。此期一般 1～3 周。此为四候。

3.3 检查

3.3.1 血常规检查

可见白细胞总数明显增高（$15 \times 10^9 \sim 20 \times 10^9$/L），中性粒细胞增加（80%～90%）。

3.3.2 组织细菌涂片

脓液细菌培养，可见革兰阳性球菌；血液及组织的细菌培养可见金黄色葡萄球菌、溶血性葡萄球菌等阳性。

3.3.3 组织病理

表现为多个相邻毛囊、毛囊周围组织及皮下组织密集的中性粒细胞浸润，可见组织坏死和脓肿形成。

3.3.4 B 超

成脓后深部脓肿经 B 超检查可呈液性暗区。

3.3.5 其他

应常规检查血糖、尿糖。

3.4 诊断要点

3.4.1 西医诊断要点

——临近的多个毛囊及其周围组织的急性化脓性感染，病菌以金黄色葡萄球菌为主。

——早期呈一小片皮肤肿硬，色暗红，几个突出点或脓点，疼痛常较轻，以局部皮肤出现红、肿、热、痛为主要表现，此后中心部位出现多个脓栓，破溃后呈蜂窝状。

——或出现畏寒发热和全身不适，常伴有畏寒、发热、头痛、乏力等症状，区域淋巴结肿大、疼痛，可伴急性淋巴结炎、淋巴管炎、静脉炎及蜂窝织炎。

——好发于皮肤韧厚的项、背部。

——一般见于中年以上患者，老年者多见，部分患者有糖尿病史。

——血白细胞总数及中性粒细胞明显增高。

3.4.2 中医诊断要点

——初起局部红肿，中央有白头，逐渐增多，溃后脓出黄稠，呈蜂窝状。。

——有恶寒，发热，头痛、口渴，脉数等，一、二候时症状明显，三、四候时逐渐减轻或消失。

——局部症状分为四候，每候 7 天左右。一候（成形）：在红肿热痛的肿块上有多个脓头。二候（化脓）：肿块增大，从中心开始化脓溃烂，状如蜂窝。三候（脱腐）：坏死皮肉逐渐脱落，红肿热痛逐渐减轻。四候（生新）：腐肉脱落，脓液减少，新肉生长，逐渐愈合。

——本病以中老年为多见，好发于颈后或背部。

3.5 鉴别诊断

3.5.1 疖病

疖小而位浅；无全身明显症状；易脓、易溃、易敛。

3.5.2 发际疮

发际疮一般生于项后部，病小而位浅，范围局限，多小于3cm，或多个簇生在一起，2～3天化脓，溃脓后3～4天即能愈合，无明显全身症状，易脓、易溃、易敛，但易反复发作，缠绵不愈。

3.5.3 脂瘤染毒

患处素有结块，与表皮粘连，其中心皮肤常可见粗大黑色毛孔，挤之有粉刺样物溢出，且有臭味。染毒后红肿较局限，范围明显小于有头疽，10天左右化脓，脓出夹有粉渣样物，愈合较为缓慢，全身症状较轻。

4 辨证

4.1 有头疽辨证

4.1.1 火毒凝结

局部红肿高突，灼热疼痛，根脚收束，脓液稠黄，能迅速化脓脱腐。全身发热，口渴，尿赤。苔黄，脉数有力。

4.1.2 湿热壅滞

局部症状与火毒凝结证相同。全身壮热，朝轻暮重，胸闷呕恶。苔白腻或黄腻，脉濡数。

4.1.3 阴虚火炽

肿势平塌，根脚散漫，皮色紫滞，疼痛剧烈，脓腐难化，脓水稀少或带血水。全身发热烦躁，口渴多饮，大便燥结，小便短赤。舌红，苔黄躁，脉细弦数。

4.1.4 气虚毒滞

肿势平塌，根脚散漫，皮色灰暗不泽，胀重麻痛，腐肉不化，脓液稀少，易成空腔。全身畏寒高热或身热不扬，小便频数，口渴喜热饮，精神萎靡，面色少华。舌质淡红，苔白或微黄，脉数无力。

4.1.5 阳虚毒恋

疮形平塌，高热或身热不扬，口和不渴，畏寒神萎，舌苔白腻、质胖，脉象濡软。

4.2 并发症辨证

4.2.1 火陷证

多发生于疽证一、二候的毒盛期。局部疮顶不高，根盘散漫，疮色紫滞，疮口干枯无脓，灼热剧痛；全身出现壮热口渴，便秘溲赤，烦躁不安，神昏谵语，气息急促，恶心呕吐，或胁肋偶有隐痛，腰痛，周身发斑。舌质红绛，苔黄腻或黄糙，脉洪数、滑数或弦数。

4.2.2 干陷证

多发生于疽证二、三候的溃脓期。局部脓腐不透，疮口中央糜烂，脓少而薄，疮色灰暗，肿势平塌，散漫不聚，闷胀疼痛或微痛；全身出现发热或恶寒，神疲，食少，自汗胁痛，神昏谵语，气息粗促，舌苔黄腻或灰腻，舌质淡红，脉象虚数；或体温反而不高，肢冷，大便溏薄，小便频数，舌苔灰腻，舌质淡，脉沉细等。

4.2.3 虚陷证

多发生于疽证四候的收口期。局部肿势已退，疮口腐肉已尽，而脓水稀薄色灰，或偶带绿色，新肉不生，状如镜面，光白板亮，不知疼痛；全身出现虚热不退或体温不升，形神委顿，纳食日减，或腹痛便泄，自汗肢冷，气息低促，舌质淡红，苔薄白或无苔，脉沉细或虚大无力等，旋即可陷入昏迷厥脱。

5 治疗

5.1 治疗原则

中医药治疗有头疽强调以辨证论治为原则。明辨虚实，分证论治，未成脓者宜清热利湿，和营托毒，已成脓者宜益气扶正托毒，并及时切开引流，谨防疽毒内陷。积极治疗消渴等病。必要时配合抗炎治疗，充分引流，全身支持疗法。

5.2 分证论治

5.2.1 火毒凝结证

治法：清热泻火，和营托毒。

方药：仙方活命饮加减，或黄连解毒汤，或五味消毒饮加减。

5.2.2 湿热壅滞证

治法：清热化湿，和营托毒。

方药：五味消毒饮加减，或仙方活命饮加减。

5.2.3 阴虚火炽证

治法：滋阴生津，清热托毒。

方药：竹叶黄芪汤加减，或知柏地黄汤。

5.2.4 气虚毒滞证

治法：益气，扶正托毒。

方药：托里消毒散加减或透脓散加减，或八珍汤合仙方活命饮加减。

5.2.5 阳虚毒恋证

治法：温阳固里，扶正托毒。

方药：阳和汤加减。

5.3 中成药

5.3.1 成脓期

可应用黄连解毒丸。功能清热泻火解毒。口服，一次3g，一日1~3次。

5.3.2 溃脓期

可应用仙方活命饮片。功能清热解毒、散瘀消肿、化脓生肌。口服，嚼碎后服用，一次8片，一日1~2次。

5.3.3 收口期

可应用十全大补丸、八珍丸。功能温补气血。十全大补丸，口服，水蜜丸一次30粒（6g），一日2~3次。八珍丸，口服，一次8丸，一日3次。

5.4 中医外治法

5.4.1 初期

5.4.1.1 敷贴疗法（中医文献依据分级：Ⅲb级；推荐强度：B）

有头疽初期多为实证，以火毒蕴滞、湿热壅滞两个证型为主，初起局部脓头尚未溃破者，多选用清热解毒、活血排脓等药物敷贴，将清热解毒类药物调成油膏敷于患处，局部红肿者可予金黄膏盖贴箍围聚肿，局部疮周红肿灼热不甚者，用青黛膏盖贴。

5.4.1.2 鲜药外敷（中医文献依据分级：Ⅲb级；推荐强度：B）

初起脓头已经溃烂，可取新鲜中药（如黄柏、茜草等）捣碎外敷，方法：洗净药材，捣成糊状，患处用生理盐水清洗干净，将捣烂的药材外敷患处，外用消毒纱布包好。初起者1日1换，溃烂者半日一换，一般1~3天肿消痛减，10天左右痊愈。

5.4.2 溃脓期

5.4.2.1 敷贴疗法（中医文献依据分级：Ⅲb级；推荐强度：B）

溃脓期疮面多已破溃，多采用升丹等化腐生肌药物，若疮面溃腐，形似蜂窝，可予八二丹掺疮口提脓祛腐；如脓水稀薄而带灰绿色者，改用七三丹，外敷金黄膏；对因筋膜间隔形成的脓腔，用大小适中的脱脂棉球蘸五五丹或八二丹，轻轻填于脓腔，以促使化腐溃脓；脓腐大部脱落，疮面渐洁，改用九一丹外掺，外敷红油膏。

5.4.2.2 切开法（中医文献依据分级：Ⅲb级；推荐强度：A）

疮肿局限，中央高起，触诊有波动感，疮周按之已软者，为脓已成，作"＋"或"＋＋"形切开手术，外掺八二丹。切开时注意切口宜小，不超过疮肿红肿范围，务求脓泄畅达，并注意尽量保留皮角，既不破坏护场（痈疡防御圈），又有利于早日生肌长肉，并且愈合后瘢痕也小。

5.4.2.3 切开提吊法（中医文献依据分级：Ⅲb级；推荐强度：B）

感染沿皮下组织蔓延，传入毛囊群，尚未形成大量坏死组织和贮留脓液者，可先取发背中心部位作十字切口，后用桑皮纸药线蘸九一丹插入。以金黄膏外敷。每日清洗换药1次。若脓液逐渐增多，改用七三丹、五五丹，若脓液逐渐减少，改用七三丹、九一丹。

5.4.2.4 拔疔条（栓剂）（中医文献依据分级：Ⅲb级；推荐强度：B）

二候脓成未溃或溃而不畅者。可将市售白降丹研细末，以面粉少许调糊为丁，长3cm左右，粗0.5cm左右，阴干备用。用时将药丁插入疮口，先抵达疮底，待患者感觉疼痛时再退出少许，免伤深层好肉及经络脏腑，高出疮面的药丁折断除去，便药丁与疮口齐平，外盖金黄膏。视疮大小，每次1~2枚，每日或隔日一换，一般24~48小时即可见疮顶有直径1~2cm圆形黑色坏死区出现，四周有裂缝，界线清楚。轻按有少量脓液溢出，剪除坏死组织。后酌用五五丹、七三丹、八二丹或九一丹等不同含量红升丹制剂以祛腐拔毒、生肌收口。

5.4.2.5 蚕食清创（中医文献依据分级：Ⅲb级；推荐强度：B）

对疮面大而深，大块腐肉组织难以脱落者，在血糖稳定、感染控制的基础上，应分期分批逐步修剪清除腐肉，以不出血或稍有出血，无明显疼痛为度。

5.4.2.6 溻渍（中医文献依据分级：Ⅰb级；推荐强度：A）

疮面脓腐渗出较多者，可予黄柏、苍术、苦参等药物煎汤溻渍泡洗，发挥其清解内蕴湿热邪毒的功效。从而促进疮面愈合。中药溻渍具有直接作用于疮口，吸收力强、渗透性好等优势，临床用于渗出较多的有头疽，能够荡涤污秽、祛腐除邪，消除疮疡。

5.4.2.7 拖线疗法（中医文献依据分级：Ⅲb级；推荐强度：B）

疮肿面积巨大者，常规切开引流治疗多遗留较大手术瘢痕，且疮腔巨大，疮面愈合时间长，此时可行拖线疗法。在常规消毒、麻醉下，采取低位辅助切口，用银质球头探针将4~6股医用丝线（国产4号）贯穿于两个疮口之间，两端打结，使之呈圆环状。放置在内的丝线，应保持松弛状态，以能来回自由拖动为度。每天换药时拉出腔内拖线部分，搽八二丹、九一丹于丝线上，将丝线来回拖拉数次，使药粉拖入腔内，10~14天后拆除拖线，加垫棉压迫7~10日，疮腔即可愈合。

5.4.3 收口期

5.4.3.1 敷贴疗法（中医文献依据分级：Ⅲb级；推荐强度：B）

脓腐渐尽，新肉开始生长，逐渐愈合。可用生肌散（红升、生石膏）、桃花散（熟石膏、东丹、冰片）、白玉膏生肌收口。

5.4.3.2 垫棉压迫疗法（中医文献依据分级：Ⅲb级；推荐强度：B）

适用于疮面腐肉已尽，留有空腔，皮肤与新肉一时不能粘合者。方法：加压包扎疮口，促进腔壁粘连、闭合。

5.4.3.3 收滋敛疮法（中医文献依据分级：Ⅴ级；推荐强度：C）

有头疽腐脱后，疮面虽无脓腐，但常因滋水溢出不尽，而影响生肌收敛；或脓腐脱净后，疮面肉芽水肿，有碍上皮生长，此种情况下，采用"湿对湿"的办法，用枯矾冰片液纱条（枯矾10g，冰片5g，将上二味药研碎倒入500mL玻璃瓶中，兑入500mL水，充分摇匀后高温加压备用，用时摇匀呈混悬状）填入疮窦，为防止蒸发过快，可外盖黄连膏，1天1换，2天左右滋水明显减少，肉芽水肿平复，肌生皮长。

5.5 针灸治疗

5.5.1 针刺治疗

5.5.1.1 毫针（中医文献依据分级：V级；推荐强度：C）

中央脓已成，四周仍漫肿。采用 1.5 寸毫针于漫肿处间隔 2cm 左右围刺，浅针疾出；或用三棱针亦可，以排出点状血珠为度，泻热毒，然后再敷以围箍药，每天 1 次。

5.5.1.2 火针（中医文献依据分级：Ⅲb级；推荐强度：B）

用于已化脓而未破溃者。取适当体位。选择脓肿中央区皮肤已有坏死成脓的地方，即皮肤最薄且有利于脓液排出的部位作为进针点，常规消毒后，点燃酒精灯，左手持消毒纱布固定在进针点下方，右手持三棱针，烧红针尖，穿刺脓肿中央区，手下有落空感时拔出针，待部分脓液自行排出后，再用小止血钳扩张针孔，并伸入腔内，扫刮清理腔内腐烂坏死组织，左手持纱布稍用力挤压针孔周围脓腔，尽可能排净脓液，酒精棉球清除针孔周围脓液，无菌纱布覆盖，胶布固定。后期溃出黄白稠厚脓液，或夹杂有紫色血块，局部肿痛及全身症状亦逐渐消失。此时治宜清散余毒、祛腐生肌，外用生肌散、云南白药等有解毒消肿、止痛生肌作用的散剂。

5.5.2 艾灸治疗

5.5.2.1 艾灸治疗原则

艾灸对有头疽初起尚未溃脓疗效显著，特别是发背疽治疗效果较好。艾灸具有发散郁毒、通透疮窍、引热外出的作用。另外，发背疽施用艾灸疗法越早越好，灸量要足，这样可以取得更好的效果。

部位：有头疽局部。

5.5.2.2 隔蒜灸（中医文献依据分级：V级；推荐强度：B）

操作：取陈艾用手指捏成底径 0.6~0.8cm，高 1~1.5cm 的圆锥形艾炷。独头大蒜切成厚 2~3mm 的薄片，用针在蒜上扎 10 个左右针眼。先用 75% 酒精棉球消毒四周，然后将蒜片置于患处正中，上置艾炷，点火灸之，灼痛甚者可再垫一姜片，每次灸 3~7 壮（每灸 3 壮，更换蒜片 1 次）。以痛者灸至不知痛，不痛者灸至知痛为度。灸后用毫针挑去上面粟粒样大小的白头或灸起的小泡，再敷以药膏。起病 1~3 天者，一般灸治 1~3 次即愈。

5.5.2.3 熏灸器灸（中医文献依据分级：Ⅰb级；推荐强度：A）

操作：将纯艾绒 30g 放入熏灸器（30cm×20cm×11cm）炉箅上。表皮红肿未溃者，治疗时仅需局部点刺出血而后直接熏灸；已溃化脓者先取脓性分泌物做脓液培养及药敏，再予以 0.9% 生理盐水清洗患处，除净腐烂组织后熏灸。熏灸时间 30~60 分钟，每天 1 次，每 5 天为 1 个疗程，未溃者治疗 1 个疗程，已溃者治疗 2~3 个疗程。熏灸后敷上消毒纱布。

5.5.2.4 隔姜灸（中医文献依据分级：Ⅳ级；推荐强度：B）

操作：取陈艾用手指捏成底径 0.6~0.8cm，高 1~1.5cm 的锥圆形艾炷。鲜生姜切成如硬币厚的薄片，用针在姜上扎 10 个左右针眼。先用 75% 酒精棉球消毒四周，然后将姜片放置于患处正中，上置艾炷，点火灸之，灼痛甚者可再垫一姜片，每次灸 3~7 壮（每灸 3 壮，更换姜片 1 次）。以痛者灸至不知痛，不痛者灸至知痛为度。灸后用毫针挑去上面粟粒样大小的白头或灸起的小泡，再敷以药膏。起病 1~3 天者，一般灸治 1~3 次即愈。

适应证：有头疽初起漫肿无头，或焮肿热痛而未成脓者。

禁忌证：对颜面部或已成脓者不宜灸治，以防痈肿扩散产生变证。纯阳无阴、肾阴亏竭、元气大虚禁用灸法。

5.5.2.5 灸骑竹马穴（中医文献依据分级：V级；推荐强度：C）

令患者骑于竹杠上，两足着地，以患者手中指尖至肘横纹中点之长为度，自尾骨尖向上直量，其尽端两侧各旁开一寸处即为取骑竹马穴。于此穴处直接灸 6~7 壮，同时在脓头放 1 片硬币厚紫皮蒜片，并施以艾灸，每次 30 分钟左右，每日 1 次，6 次左右便可获效。

5.6 并发症的处理

5.6.1 西医并发症的处理

5.6.1.1 糖尿病

本病的治疗最基本最重要的是积极控制糖尿病及其并发症，首先予胰岛素降糖至正常或接近正常水平，合并血管病变或是神经病变的，可分别给予阿司匹林片等抗血小板聚集的药物，或营养神经的药物。

5.6.1.2 感染

有头疽的致病菌主要是金黄色葡萄球菌，应选用对革兰阳性球菌敏感的抗生素，如头孢霉素、青霉素，如见效不明显，可行药物敏感试验，根据其结果选择相应的抗生素。用药时间不宜过长，可选择静脉用药，防止如革兰阴性、革兰阳性菌、厌氧菌、霉菌等二重感染，甚至多重感染。

5.6.1.3 电解质紊乱

同时注意维持水、电解质及酸碱平衡，以免发生危证。

5.6.1.4 免疫力低下

要重视机体营养状况，增强机体免疫力，加强营养支持，嘱患者吃些富含维生素、蛋白质等的食物，必要时可以补充白蛋白、氨基酸或血浆等，以助机体清除病原菌和避免疾病的复发。

5.6.2 中医并发症的治疗

5.6.2.1 火陷证

治法：清热凉血解毒。

方药：犀角地黄汤加减。

5.6.2.2 干陷证

治法：补气养血，托毒透邪。

方药：托里透脓散加减。

5.6.2.3 虚陷证

治法：温补脾肾。

方药：阳和汤加减。

6 预防与调护

6.1 畅情志

嘱患者克服急躁情绪，主动向患者介绍疾病的发展过程，使患者对疾病有所了解，从而减轻心理负担，同时要保持心情舒畅，控制不良情绪，增强病痛的耐受能力及战胜疾病的信心。

6.2 节饮食

注意控制饮食，主张以粗粮为主，多食蔬菜，荤素搭配，忌食辛辣刺激之品，让患者多吃一些清淡、易于消化的食品，如瘦肉、豆制品、绿叶蔬菜、西瓜、苹果等，同时要注意忌食辛辣炙煿之品，禁止吸烟及大量饮酒。

6.3 调起居

保证足够的睡眠时间，睡眠时采取适当的体位，避免患部受压。适当运动，劳逸结合，注意气候变化及周围环境，尽量避免感冒。

6.4 识病情

给患者及家属讲解有关有头疽及其并发症的治疗、护理相关知识，使其提高自我防范意识。

6.5 治疗原发病

控制原发病糖尿病及其他并发症，延缓并发的发生是预防和减轻有头疽的关键，选择适当的降糖方案，定期监测血糖，防止出现酮症。

6.6 讲卫生

保持皮肤清洁，穿舒适的衣服和鞋袜，每天检查皮肤的颜色和痛温感及有无破损，尤其要注意洗浴的热水，以免烫伤。对糖尿病患者要尽量减少不必要的创伤性操作。当皮肤有瘙痒感时，适当轻轻按摩皮肤，既可减轻瘙痒，又可增强皮肤的抵抗力。

附录　其他治疗方法

（资料性附录）

A.1　痈疽疔疖发消毒膏（中医文献依据分级：Ⅱb级，推荐强度：B）

适应证：有头疽病情发展的各个阶段皆可使用。

功能主治：解毒消肿，透脓祛腐，生肌收口。

药物：金银花、白芷、米壳、黄丹、麻油各适量。将上药为粉，熬制成膏，收贮。

用法：将膏药平摊在布上，适度加温至黏软后贴敷。凡上述病证未化脓者（初期），将膏药贴于疮上，疮疡即肿消痛止而瘥，5天换药一次。凡上述病证已化脓者（中期），将膏药贴于疮上，疮疡即自行破溃（不用切开引流），5天换一次药。凡上述病证已破溃者（后期），将膏药贴于疮上，可促使余毒脓液排出，腐肉脱落，并很快生肌收口，3~5天换药一次。

A.2　苦瓜散（中医文献依据分级：Ⅱb级；推荐强度：B）

适应证：有头疽，局部红肿有白粒，发热畏寒，活动受限者。查血常规示白细胞计数、中性粒细胞数明显升高。

药物：鲜苦瓜30g（以长10cm，直径3cm以下刚落花蒂者为佳），鲜紫花地丁15g，田边菊15g，共捣烂如泥。

用法：局部清水洗净，以0.5%络合碘或75%酒精消毒，然后按略大于红肿范围的面积将药物摊在芭蕉叶上紧贴患处，外盖纱布固定，每日换药1次。3~12次可愈。（中医文献依据分级：Ⅲb级；推荐强度：B）

A.3　油调膏（中医文献依据分级：Ⅴ级；推荐强度：C）

适应证：有头疽成脓期。

功能主治：清热解毒，提毒拔脓。

药物：黄柏400g，煅石膏500g。上药共研细面，过100目筛，混合均匀，用香油调成膏状，即为油调膏。

用法：疮面及周围皮肤常规消毒，用油调膏摊于油纱布上，约硬币厚，范围大于肿胀范围2~3cm。外敷患处，用敷料包扎，每日1次。可据病情酌情换药。初期，患者局部红肿热痛症状较轻，红肿范围小，其上脓头少，全身症状不明显者，可单独外敷该药，日1次，经治数日，局部红肿消退，脓出后，即可逐渐愈合。溃脓期，如疮面流脓较多，疮面污染严重者，可每日换药2次。若疮面范围较大或更重，甚至范围大愈盈尺，脓出不畅，伴全身症状严重，持续高热不退，甚至神昏谵语者，应即行切开引流。而后继续大面积外敷油调膏。后期，肉芽生长缓慢，可配合生肌散。在治疗过程中，应配合内治法，伴有糖尿病者，控制原发病。

A.4　蜂房散（中医文献依据分级：Ⅳ级；推荐强度：B）

适应证：有头疽，无论初起或溃脓，虚证、实证、内陷，均可使用。

药物：大麻子仁（蓖麻子）42个，蜂房6g为一剂量。取新瓦盆一个，白麻秆一捆待用。将选择好的光头大麻子，放在新瓦盆内，用白麻秆烧火焙黄，去壳取仁。再将蜂房放入瓦盆内。仍用白麻秆火烧。把蜂房炙枯至黑色，存性为度。然后把二药共研为细末，入瓶封备用。

用法：初起肿块或有粟粒样脓头时，可用米粥水或香油调和成膏外涂患处，日1~2次。如患处已见脓液血水，可用此药撒于疮口上，一天1~2次。一般用药2~3天，脓血水可去，结成干痂。这时，再用米粥水温润患处，仍撒上该药散，不须将患处原有药物洗去。一般治疗7天可愈。

A.5 葱蒜胡萝卜膏（中医文献依据分级：Ⅴ级；推荐强度：C）

适应证：脑疽或发背疽。

药物：成熟大蒜茎叶、胡萝卜、连根大葱各等分。切碎，加水适量，武火共煮至胡萝卜熟，再改用文火煮至胡萝卜烂，然后去渣，文火浓缩成膏，待凉后加麻油少许，盛于密闭容器内备用。

用法：用时取膏适量，平摊于纱布上，覆盖于患处，每次贴1~2天后取下。

A.6 生烟叶（中医文献依据分级：Ⅴ级；推荐强度：C）

适应证：有头疽。

药物：生烟叶、麻油适量。

用法：生烟叶晒干、研末，用麻油（茶油亦可）调涂患处4~5次，连续应用4~5天。

A.7 枸杞子（中医文献依据分级：Ⅴ级；推荐强度：C）

适应证：脑疽。

药物：枸杞子、菜油。

制法：将适量枸杞子放瓦片上焙焦研细，装瓶备用。

用法：临用时视脑疽红肿大小，取10~20克药粉，用菜油调成糊状敷于患处（范围比红肿面略大，厚约2mm）。敷后一小时许患处即有针刺样感觉，以后疼痛渐减，以至消失。日1次，3~5次即愈。

A.8 苦参根（中医文献依据分级：Ⅴ级；推荐强度：C）

适应证：有头疽初起如粟粒脓头，焮热，红肿，胀痛或不痛，根盘渐见扩大，脓头亦相继增多，以致溃烂成疮。脓栓堵塞，状如蜂窝。

药物：鲜苦参根、鸡蛋清。

用法：鲜苦参根，去泥，洗净捣烂。用鸡蛋清搅如糊，未溃者满涂之，已溃者四围敷之，中心留顶。若经时药干，以井水或冷开水润之。5天为1疗程。

A.9 辣椒膏（中医文献依据分级：Ⅴ级；推荐强度：C）

适应证：偏正脑疽，红肿热疼，腐肉不脱。

药物：将干辣椒焙焦碾成面，香油调成膏备用。

用法：量疮面大小，将辣椒膏摊于敷料上，约2mm厚，贴于患处，胶布固定，每日换药1次。

参 考 文 献

［1］唐汉钧，阙华发，徐杰男，等．顾氏疮疡治疗理论五要（上）［N］．中国中医药报，2013 - 11 - 29（004）.（中医文献依据分级：Ⅴ）

［2］国家中医药管理局．中医病证诊断疗效标准．北京：中国医药科技出版社，2012.（中医文献依据分级：Ⅴ）

［3］陈宏伟．浅淡王东教授治疗消渴合并有头疽的临床经验［D］．沈阳：辽宁中医药大学，2012：21 - 23.（中医文献依据分级：Ⅴ）

［4］马红莲．中西医结合治疗糖尿病合并背痛76 例［J］．黑龙江中医药.2011（5）：18 - 19.（中医文献依据分级：Ⅴ）

［5］梁晓春．糖尿病合并感染性皮肤病的中西医治疗［J］．中国临床医生.2011，39（11）：821.（中医文献依据分级：Ⅲb，MINORS 评分：1 分）

［6］李鑫，吕延伟．中西医结合治疗糖尿病合并有头疽临床观察［J］．中国中医急症.2013，22（3）：432 - 433.（中医文献依据分级：Ⅴ）

［7］方致和，黄礼．辨证分型治疗重症有头疽154 例［J］．江苏中医药，1985（9）：22 - 23.（中医文献依据分级：Ⅴ）

［8］阙华发．唐汉钧教授治疗重症有头疽的经验［J］．陕西中医.2004，25（3）：245 - 247.（中医文献依据分级：Ⅴ）

［9］杜钰生，张庚扬，宋阿凤．中西医结合治疗有头疽114 例临床分析．天津中医［J］.1989（6）：15 - 16.（中医文献依据分级：Ⅴ）

［10］黄礼，包广勤，方致和．辨证分型治疗重症有头疽252 例临床小结．江苏中医药，1991（7）：13 - 14.（中医文献依据分级：Ⅲb，MINORS 评分：1 分）

［11］张朝渭．五味消毒饮的临床应用［J］．南充医专学报.1980（1）：36 - 37.（中医文献依据分级：Ⅲb，MINORS 评分：0 分）

［12］唐汉钧．重症有头疽227 例临床观察［J］．中国医药学报.1990，5（1）：38 - 39.（中医文献依据分级：Ⅴ）

［13］杨忠俊．茜草外敷治疗有头疽［J］．中医外治杂志.1996（3）：48.（中医文献依据分级：Ⅴ）

［14］刘爱民．脑疽外治法［J］．湖北中医杂志.1990（6）：2 - 4.（中医文献依据分级：Ⅴ）

［15］阙华发，唐汉钧，邢捷，等．扶正托毒清热活血法治疗糖尿病合并有头疽62 例．中西医结合学报，2008，6（10）：1065 - 1067.（中医文献依据分级：Ⅰb，改良 Jadad 评分：2 分）

［16］李加坤．切开提吊法治疗未成脓期发背114 例［J］．四川中医.1987（8）：37.（中医文献依据分级：Ⅴ）

［17］张淞生．拔疔条外治有头疽［J］．中医外治杂志，1998，7（6）：47.（中医文献依据分级：Ⅴ）

［18］李波．柏芪汤外用治疗破溃期有头疽中的临床疗效观察［J］．中医药探索，2014（10）：81.（中医文献依据分级：Ⅰb，改良 Jadad 评分：2 分）

［19］梅枝忠．柏芪汤外用与常规外科换药治疗破溃期有头疽的对比研究［J］．求医问药，2011，9（12）：285 - 286.（中医文献依据分级：Ⅰb，改良 Jadad 评分：12 分）

［20］周亮，陈鸿君．复方苍耳虫油膏外治有头疽（溃后期）64 例临床观察．中医药导报．2006，12
　　　（1）：45 – 46．（中医文献依据分级：Ⅰb，改良 Jadad 评分：13 分）

［21］汪陆玲．刘爱民教授外治脑疽经验［J］．中医外科杂志．1999，8（2）：25 – 26．（中医文献依
　　　据分级：Ⅴ）

［22］高志银．火针治疗体表化脓感染 102 例［J］．中国针灸，1991，73（2）：19 – 20．（中医文献
　　　依据分级：Ⅴ）

［23］荀向红．火针排脓术治疗糖尿病合并背痈 7 例［C］．第十六次全国中西医结合疡科学术交流
　　　会论文汇编．2013：50 – 51．

［24］王振琴，徐兆芳．艾熏加抗生素外治脑疽 185 例［J］．中国中西结合杂志，1996，16（3）：
　　　179．（中医文献依据分级：Ⅴ）

［25］卢麟．隔姜灸治疗痈疽介绍［J］．中医杂志．1982，5（23）：22．（中医文献依据分级：Ⅴ）

［26］唐学玲．隔姜灸治疗痈疽．中国民间疗法［J］．2011，9（19）：14．（中医文献依据分级：Ⅴ）

［27］燕平．试论陈实功“灸治痈疽”［J］．中医外治杂志．1998，7（3）：36．（中医文献依据分级：
　　　Ⅲb，MINORS 评分：1 分）

［28］徐凤．针灸大全［M］．北京：人民卫生出版社，1958．（中医文献依据分级：Ⅴ）

［29］陈宏伟．浅淡王东教授治疗消渴合并有头疽的临床经验［D］．沈阳：辽宁中医药大学，2012：
　　　11．（中医文献依据分级：Ⅴ）

［30］矫东霞．有头疽辨证施护体会［J］．北京中医．1995（3）：46 – 47．（中医文献依据分级：Ⅴ）

［31］王国峰．王翠卿．痈疽疔疖发消毒膏治验外科疮疡［J］．光明中医．2014，29（9）：1998 –
　　　1999．（中医文献依据分级：Ⅴ）

［32］余元斌．苦瓜散外敷治疗有头疽 32 例［J］．湖南中医杂志．1998（5）：32．（中医文献依据分
　　　级：Ⅴ）

［33］黄景华．黄学军．油调膏外敷治疗有头疽 96 例［J］．辽宁中医杂志．2010，37（5）：855 –
　　　856．（中医文献依据分级：Ⅴ）

［34］药公．蜂房散治疗有头疽［J］．新中医．1975（4）：39．（中医文献依据分级：Ⅴ）

［35］陈红梅．露蜂房治疗有头疽［J］．2002，10（6）：63．（中医文献依据分级：Ⅴ）

［36］俞骏．葱蒜胡萝卜膏治疗脑疽发背［J］．国医论坛，1987（4）：37．（中医文献依据分级：Ⅴ）

［37］黎川县中医院临床教研组．简易疗法介绍［J］．江西医药．1966（6）：286．（中医文献依据分
　　　级：Ⅴ）

［38］潘正夏．枸杞子外敷治疗脑疽有奇效［J］．四川中医．1993（7）：40．（中医文献依据分级：Ⅴ）

［39］周明道．苦参根治有头疽［J］．江西中医药．1981（1）：65．（中医文献依据分级：Ⅴ）

［40］刘小炳，刘新杰．辣椒膏治脑疽［J］．国医论坛．1993（4）：11．（中医文献依据分级：Ⅴ）

ICS 11.120
C 05

团 体 标 准

T/CACM 1153—2019
代替 ZYYXH/T186—2012

中医外科临床诊疗指南
窦 道

Clinical guidelines for diagnosis and treatment of surgery in TCM
Sinus

2019-01-30 发布

2020-01-01 实施

中华中医药学会 发布

前　　言

本指南按照 GB/T 1.1—2009 给出的规则起草。

本指南代替了 ZYYXH/T186—2012 中医外科临床诊疗指南·窦道，本指南沿用 ZYYXH/T186—2012 版定义、临床表现、分证论治内容，主要技术变化如下：

——增加了病史（见 3.1）；

——修改了实验室检查（见 3.3.1，2012 年版的 3.1.2.1）；

——增加了物理探查（见 3.3.2）；

——单列了高频超声诊断（见 3.3.4，2012 年版的 3.1.2.2）；

——增加了诊断标准（见 3.4）；

——规范了治疗（见 5，2012 年版的 5）；

——修改了治疗原则（见 5.1，2012 年版的 5.1）；

——增加了西医治疗（见 5.2）；

——增加了手术、物理疗法、成品敷料（见 5.6、5.7、5.8）；

——删除了敷贴疗法、托线疗法、扩疮疗法等（见 2012 年版的 5.3）；

——增加了预防与调护（见 6）

——增加了参考文献。

本指南由中华中医药学会提出并归口。

本指南主要起草单位：首都医科大学附属北京中医医院

本指南参加起草单位：北京中医药大学第三附属医院、北京中医药大学东直门医院、辽宁中医药大学附属医院、上海中医药大学附属龙华医院、黑龙江中医药大学附属第一医院、中国中医科学院望京医院、天津中医药大学第一附属医院、北京市宣武中医医院、武警北京市总队医院、北京中医医院顺义医院、宁夏回族自治区中医医院、北京中医药大学东方医院、北京市鼓楼中医医院、北京市中医药大学循证医学中心。

本指南主要起草人：徐旭英、李曰庆、裴晓华、杨博华、曹建春、阙华发、王军、吕延伟、赵刚、焦强、霍凤、陈薇、蓝海冰、高京宏、王广宇、王海、代红雨、胡晓东、孔晓丽。

本指南于 2010 年 7 月首次发布，2019 年 1 月第一次修订。

引　言

本指南主要针对窦道提供以中医药为主要内容的预防、保健、诊断、治疗建议，供中医全科、中医外科、疮疡外科、急诊医师及其他相关科室医生参考使用。主要目的是推荐有循证医学证据的窦道的中医药诊断与治疗方法，指导临床医生、护理人员规范使用中医药进行实践活动；加强对窦道患者的管理，提高患者及其家属对窦道防治知识的知晓率。

ZYYXH/T 180—2012 中医外科临床治疗指南·窦道采用专家共识法制定，其对窦道的诊断、辨证及治疗等方面叙述过于简略，而且窦道的外治、调护、预后内容较少，本次修订采取文献研究结合各大医院既往临床研究，完善了对窦道临床诊疗指南诊断、辨证、治疗等方面的修订。

本次修订工作组成员包括传统医学专家、医学统计学人员、循证医学专家等，通过多次会晤，对符合循证医学证据的文献进行探讨，对尚无循证医学证据支持的诊疗内容达成专家共识，顺利完成本次修订工作。

中医外科临床诊疗指南 窦道

1 范围

本指南给出窦道诊断、治疗、预防和调护的建议。

本指南适用于窦道的诊断和防治。

2 术语和定义

下列术语和定义适用于本指南。

2.1

窦道 Sinus

窦道是指某种疾病在发生、发展或治疗过程中，出现的由深部组织通向体表、只有外口而无内口，与空腔脏器相通的病理性盲管。

本病属于中医"漏"的范畴。

3 诊断

3.1 病史

病史应详细询问有无与窦道发生的有关因素，如是否有局部急性或慢性感染，有无外伤及手术史等。了解窦道出现的时间及经过，是持续存在还是时愈时破反复发作，窦道口封闭后局部有无红、肿及疼痛。窦道排出分泌物的性质和量，是否清亮无色或混浊，是否有异物从窦道口排出，若有脓液应了解其颜色、有无臭味及其稀薄程度。

3.2 临床表现

局部有一小疮口，常有分泌物流出。疮周皮肤可呈潮红、丘疹、糜烂等表现。一般无全身症状，有时外口暂时闭合，脓液引流不畅，可引起局部红肿热痛，或伴随发热等症状。部分患者因反复溃破，经年不愈，疮周皮色紫暗，疮口胬肉突起。

探查窦道，其形态多样，多为细而狭长，也有外端狭窄而内腔较大者，甚至呈哑铃状；因部位不同，窦道的深浅不一，可有数厘米不等；管道数目多少不一。有时疮口中可有手术丝线、死骨片等异物排出。

3.3 检查

3.3.1 实验室检查

3.3.1.1 脓液培养加药敏试验

有一定价值，如结核性窦道的分泌物涂片可找到抗酸杆菌；培养及动物接种阳性。放线菌病引起的窦道分泌物涂片检查可找到放线菌等。

3.3.1.2 血常规

评估疮口感染程度。

3.3.2 物理探查（中医文献依据分级：V；推荐等级：B）

3.3.2.1 普通金属探针

采用圆头探针探查窦道深浅、盲管样结构，管壁多较硬、细长或弯曲。一般由窦口插入，沿窦道抵达底部，切勿用力过猛，以防造成假性隧道。

3.3.2.2 带有刻度的金属探针

将探针一端做成钝头，从头部开始标记刻度，探针头端开2～3个侧孔，尾端做成可连接空针装置，有100、150、200mm3种长度可供选择，疮面消毒后，采用该探针探入窦道内，测量窦道的深度，若有分支，将各分支深度相加，得总深度。

3.3.3 X线检查

包括骨与关节X片、窦道造影。注入造影剂后，可见潜行管道，且所有管道均不与空腔脏器相通。凡骨结核及慢性化脓性骨髓炎引起的窦道，骨与关节应摄正侧位X片。慢性化脓性骨髓炎X片特点是骨膜下大片死骨形成，骨质增生反应明显，表现骨骼破坏区周围骨质密度增高，骨小梁增粗，骨外轮廓形状不规则。骨结核通常以破坏为主，病变进展缓慢，骨髓逐步遭受破坏，破坏区内可有细小死骨片，附近可示冷脓肿阴影。窦道造影可了解管道走向、分支情况、腔隙大小、腔隙内有无异物及管道是否与体腔或脏器沟通。造影剂通常用40%碘油或碘的水溶剂。浅的窦道可将造影剂直接注入，深的窦道可先用塑料管或尿管插入窦道内，然后从塑料管或尿管内注入造影剂，造影剂量需根据具体情况而定，通常为20~40mL。

3.3.4 高频超声

患者体位根据病变部位而定，以充分暴露病变部位便于操作为宜。根据病变深度调节探头频率，以完全显示最深部病变且达到最佳分辨率为宜。有开放性破口的患者要充分消毒探头及破口周围后方可进行检查及治疗。检查首先从体表可能窦道开口处开始，策动探头沿窦道走行一直到盲端进行检查，观察窦道宽度、深度、走行方向、管壁厚度及光滑度、窦道与周围组织关系，此种方法安全无害，可以动态观察，也可在超声监测下行切开引流或全切术。

3.3.5 核磁共振成像

核磁共振成像可精确反映软组织病变情况，但由于其收费较高，不常用于本病，故文献中少有报道。

3.3.6 病理检查

切取或搔刮窦道壁组织送病理检查，以排除恶变及明确诊断。

3.4 鉴别诊断

3.4.1 瘘管

既有外口，又有内口，与有腔器官相通。窦道造影、局部超声可鉴别。

4 辨证

4.1 余毒未清证

主症：疮口胬肉高突，久不收敛，脓水淋漓，时稠时稀，时多时少，有时局部可有轻微肿痛、焮热，疮口红肿疼痛，或瘙痒不适；可伴有轻度发热。

次症：舌质淡红，舌苔薄黄或黄腻，脉弦数。

4.2 气血两虚证

主症：疮口脓水量少不尽，清晰淋漓，肉芽色淡不泽，疮口经久不愈，新肌不生；伴面色萎黄，神疲倦怠，纳少寐差。

次症：面色㿠白，精神委顿，食少懒言，舌质淡，苔白，脉沉细。

凡符合主症3项，或主症2项、次症1项，或主症1项、次症2项，同时苔脉相符者，即可以确诊为该证型。（中医文献依据分级：V；推荐强度：A）。

5 治疗

5.1 治疗原则

中医药治疗窦道遵循以局部辨证为主，整体辨证为辅，在系统治疗病因性疾病的基础上，依据局部疮面的动态演变进程选择适宜的外用药物。总而概之，初期脓腐较甚时，选用升丹类祛腐生肌药物，后期腐肉渐脱，气血不足，肉芽不鲜者，选用益气活血、敛疮生肌之品促进肉芽生长。

5.2 西医治疗

凡结核性窦道、化脓性骨髓炎窦道等，可参照相关疾病指南予相应药物治疗。窦道有急性炎症发作时，可选用抗生素治疗。

5.3 分证论治

5.3.1 余毒未尽证

治法：合营托里解毒。

常用方：托里消毒散（《外科正宗》）合薏苡附子败酱散（《金匮要略》）加减。

组成：黄芪、党参、白术、茯苓、当归、赤芍、川芎、皂角刺、薏苡仁、附子、丹参、红藤、败酱草、炙甘草、红枣等。

5.3.2 气血两虚证

治法：补益气血，托里生肌。

常用方：八珍汤（《正体类要》）加减。

组成：黄芪、党参、白术、茯苓、当归、赤芍、川芎、熟地黄、丹参、炙甘草、红枣等。

5.4 中医外治法

5.4.1 药线引流（中医文献依据分级：Ⅲb，推荐等级：A）

又称药捻引流法，多为桑皮纸卷成线状，外蘸药物制成。用时将其置于窦道内，起到引流及提脓祛腐的目的，现由于制备工艺问题，少见于临床，近几年有学者将其与挂线疗法相结合，演变成"拖线疗法"，其疗效有待进一步验证。

5.4.2 搔扒术（中医文献依据分级：Ⅱa，推荐等级：A）

采用刮匙或其他器械伸进窦道内，沿着管壁自深而浅，变化方向进行搔爬，达到刮除水肿肉芽及腐肉直至出现鲜血的目的，后一般采用生理盐水或双氧水冲洗；此法可连续应用数日，每日1次或数日1次，直到窦道内肉芽新鲜、分泌物由多至少到无为止。

5.4.3 滴灌法（中医文献依据分级：Ⅱa，推荐等级：B）

又叫冲洗疗法，多采用黄芩、黄柏、蒲公英等清热燥湿之品，煎汤外洗患处，既能起到外科清创冲洗的目的，其内含的中药成分又能发挥疗效，一举两得。

5.4.4 垫棉法（中医文献依据分级：3b，推荐等级：B）

采用消毒过的棉球、棉垫，或者纱布折叠成块，压在疮口上面或附近。以起到排出分泌物、加速愈合等治疗目的。本法适用于疮面腐肉已尽，新肉生长，而窦道腔比较大的窦道患者。

5.4.5 纱条引流法（推荐等级：B）

多与软膏类外用中药合用，该方法临床应用范围极广，

临床最常见的是两种或三种外治法合用，如纱条引流配合垫棉法、搔扒术配合药线引流等。

5.4.6 火罐疗法（推荐等级：B）

其原理类似负压吸引，并具有热力作用，可促进局部血液循环，加速新陈代谢，改变局部组织的营养状态，增加血管壁的通透性，增强白细胞吞噬能力。

5.5 中医外用药

5.5.1 化腐生肌（中医文献依据分级：Ⅰa，推荐等级：A）

以红升丹、白降丹为代表，其中由红升丹与熟石膏依据不同比例配成的九一丹、八二丹、五五丹所用最多。

5.5.2 敛疮生肌（中医文献依据分级：Ⅱa，推荐等级：B）

主要应用以煅石膏、煅龙牡等为主的收湿敛疮及以白及等收敛生肌两大类，主要用于窦道后期脓腐已去，肉芽生长。

5.5.3 活血生肌（中医文献依据分级：Ⅲb，推荐等级：B）

多搭配化腐生肌及敛疮生肌药物使用，用于窦道壁肉芽紫暗，疮周皮肤色暗等有瘀血征象的疮面。

5.6 手术

5.6.1 基本外科换药

窦道口及窦道内均用3%双氧水、0.9% NaCl溶液清洗，窦道内用20cm针筒连接延长管反复冲洗，用刮匙刮除窦道内的坏死组织及分泌物，至窦道壁有鲜血渗出，剪去窦道口及周围的坏死组织，窦道口周围皮肤0.5%碘伏消毒。

该换药方法贯穿于窦道的整个病程。

5.6.2 窦道全切术（推荐等级：A，中医文献依据分级：ⅢB）

根据X线造影检查窦道行径范围或超声检查窦道周围炎性组织范围和术中扪触感知切除范围。首先自窦道外口适当高压注入亚甲蓝注射液并封闭外口，再以窦道外口为中心行略小于炎性范围的梭形切口，大范围锐性完整切除窦道及其邻近瘢痕、坏死组织，亚甲蓝蓝染组织不能残留。

窦道全切术治疗范围小，深度浅，是与内脏器官有一定距离的窦道的首选治疗方法。适用于体表脓肿溃后及手术疮面形成窦道。

5.6.3 肌皮瓣移植（中医文献依据分级：Ⅲb；推荐等级：B）

手术在硬膜外或全麻下进行，将创面周围感染、水肿的皮肤和腔内的肉芽组织、死骨及瘢痕组织彻底切除，按清创要求浸泡创面，根据创面大小切取肌皮瓣，切取肌皮瓣时要将切断的肌肉边缘与皮肤边缘作暂时性固定，以免皮肤与肌肉分离影响血供。为了用肌肉充分填塞死腔，可将肌皮瓣远端或近端的皮肤和皮下层切除，并要妥善缝合固定，防止肌肉回缩后留下死腔。

肌皮瓣移植术是窦道全切术的补充，适用于窦道位置特殊，仅将窦道切除无法自行愈合的窦道类型，例如胸壁窦道、足部窦道等；或窦道范围较大、深度较甚，无法仅仅使用全切术。

5.7 物理疗法

5.7.1 负压封闭引流（中医文献依据分级：Ⅰa，推荐强度：A）

顺应窦道大小及深度修剪聚乙烯醇泡沫敷料（多为聚乙烯乙醇水化海藻盐泡沫），将窦道腔填满，并覆盖疮面，使用生物透性薄膜密闭固定敷料，连接引流管，持续负压吸引，调节负压值在20～40kPa之间，护理人员每天冲洗引流管1次，对负压引流的敷料每周更换1次。

5.7.2 光照疗法（中医文献依据分级：Ⅰb，推荐等级：B）

采用不同波段的光直接照射疮面，目前有He-Ne激光、紫外线、微波。

5.8 成品敷料

5.8.1 康惠尔藻酸盐敷料（中医文献依据分级：Ⅰa，推荐等级：B）

其主要成分为无纤藻酸钙、高密度聚乙烯网架，以其强大的吸湿性、止血性及能营造湿润环境的特性成为治疗窦道性疾病的常规用药。

5.8.2 生物蛋白胶（中医文献依据分级：Ⅲb，推荐等级：C）

主要成分是纤维蛋白原、凝血酶及稳定剂等。具有止血、黏附、促进疮面愈合的作用，适用于窦道内脓腐已脱，疮面干净的一类窦道。

5.8.3 美宝纱条（中医文献依据分级：Ⅱa，推荐等级：C）

美宝以蜂蜡和麻油为基质，属于天然平衡全营养的框架结构软膏，无毒副作用，药膏中含有甾醇、苷类、小檗碱等成分，在控制感染和加速创面愈合方面有着明显优势。

6 预防与调护

6.1 畅情志

嘱患者克服急躁情绪，主动向患者介绍疾病的发展过程，使患者对疾病有所了解，从而减轻心理负担，同时要保持心情舒畅，控制不良情绪，增强病痛的耐受能力及战胜疾病的信心。

6.2 节饮食

注意控制饮食，主张以粗粮为主，多食清淡、易于消化的食品，如瘦肉、豆制品、绿叶蔬菜、西瓜、苹果等，荤素搭配，同时要注意忌食辛辣炙煿之品，禁止吸烟及大量饮酒。

6.3 调起居

保证足够的睡眠时间，睡眠时采取适当的体位，避免患部受压。适当运动，劳逸结合，注意气候变化及周围环境，尽量避免感冒。

6.4 识病情

给患者及家属讲解有关窦道及其并发症的治疗、护理相关知识，使其提高自我防范意识。

6.5 治疗原发病

控制原发病及其他并发症，如骨髓炎导致窦道者，积极使用抗生素预防骨髓炎的产生，结核导致窦道者积极抗结核治疗。

6.6 讲卫生

保持皮肤清洁，穿舒适的衣服和鞋袜，每天检查皮肤的颜色和痛温感及有无破损，尤其要注意洗浴的热水，以免烫伤。

参 考 文 献

[1] 王玲山，马松峰，苏启鹏．腹壁窦道的诊断方法与治疗经验（附 32 例报告）［J］．哈尔滨医科大学学报，1990（2）：97 - 99．（中医文献依据分级：Ⅴ）

[2] 陈锦，叶锦，蒋小娟，等．带刻度侧孔窦道探针的研制及应用［J］．解放军护理杂志，2008（20）：75．（中医文献依据分级：Ⅲb，MINORS 评分：2 分）

[3] 李强，李一凡．高频超声在浅表组织瘘口及窦道定位中的应用价值［J］．中国社区医师（医学专业），2013（10）：251．（中医文献依据分级：Ⅲb，MINORS 评分：2 分）

[4] 王雅杰，阙华发．下肢慢性皮肤溃疡辨证分型标准的临床研究［J］．中西医结合学报，2009（12）：1139 - 1144．（中医文献依据分级：Ⅴ）

[5] 王海，王建宏．窦道刮除术配合中药药线治疗窦道 32 例［J］．陕西中医，2006（5）：532 - 533．（中医文献依据分级：Ⅲb，MINORS 评分：2 分）

[6] 曾一．刮杀疗法治疗体表慢性窦道 34 例临床报道［J］．天津中医学院学报，2000（2）：12．（中医文献依据分级：Ⅲb，MINORS 评分：2 分）

[7] 胡慧明，陈宝元，宋阿凤．中医刮杀疗法治疗慢性窦道、瘘管 168 例疗效观察［J］．中医杂志，1984（3）：52 - 53，19．（中医文献依据分级：Ⅲb，MINORS 评分：1 分）

[8] 郑炳友．搔刮拔罐法治疗慢性窦道 84 例［J］．国医论坛，1998（3）：38．（中医文献依据分级：Ⅲb，MINORS 评分：2 分）

[9] 周方．三黄汤冲洗与五五丹外用配合西药治疗慢性窦道 32 例［J］．陕西中医，2011（8）：1029 - 1030．（中医文献依据分级：Ⅲb，MINORS 评分：5 分）

[10] 王力群．解毒洗髓汤治疗手足慢性骨髓炎窦道临床效果及与治疗时间相关性研究［J］．中国中医基础医学杂志，2013（12）：1449 - 1450．（中医文献依据分级：Ⅰb，改良 Jadad 评分：3 分）

[11] 王益周．垫压法真奇妙深长窦道不开刀［J］．辽宁中医学院学报，2000（2）：107 - 108．

[12] 徐旭英，吕培文，吴承东，等．红纱条配合垫棉法治疗体壁窦道 26 例［J］．北京中医，2006（2）：93 - 94．（中医文献依据分级：Ⅲb，MINORS 评分：2 分）

[13] 刘行稳．垫棉法治疗慢性窦道 33 例［J］．陕西中医，1989（5）：203 - 204．（中医文献依据分级：Ⅲb，MINORS 评分：2 分）

[14] 倪毓生，倪毅，方勇．升、降二丹为主外治结核性窦道 45 例［J］．中医外治杂志，2010（6）：28 - 29．（中医文献依据分级：Ⅲb，MINORS 评分：1 分）

[15] 胡训敏．三仙丹治疗慢性窦道 40 例［J］．中医外治杂志，2001（6）：33．（中医文献依据分级：Ⅲb，MINORS 评分：2 分）

[16] 肖廷刚．白降丹药条治疗窦道 28 例［J］．陕西中医，2000（3）：105 - 106．（中医文献依据分级：Ⅲb，MINORS 评分：1 分）

[17] 卜晓华．祛腐生肌治疗切口感染瘘管窦道 6 例［J］．四川中医，2000（7）：45．（中医文献依据分级：Ⅲb，MINORS 评分：1 分）

[18] 李守静，高永富，李汾太，等．红升丹为主治疗结核性窦道 200 例［A］．中国人才研究会骨

伤人才分会．中国第二次骨结核骨病学术论坛论文集［C］．中国人才研究会骨伤人才分会，2005：2.（中医文献依据分级：Ⅲb，MINORS 评分：2 分）

［19］倪毓生．去腐生新法用治颈淋巴结结核 26 例临床分析［J］．江苏中医，1989（11）：10－12.（中医文献依据分级：Ⅲb，MINORS 评分：1 分）

［20］阙华发，唐汉钧，王云飞，等．拖线技术、垫棉法治疗难愈性窦瘘类疾病的临床研究［J］．中医外治杂志，2012（6）：5－7.（中医文献依据分级：Ⅲb，MINORS 评分：12 分）

［21］刘冬，刘岩．马应龙治疗腹壁早期窦道 26 例效果观察［J］．中国煤炭工业医学杂志，2010（3）：401.（中医文献依据分级：Ⅲb，MINORS 评分：2 分）

［22］黄子慧．提脓祛腐液外用治疗结核性窦道 32 例临床观察［J］．天津中医药大学学报，2009（1）：14－15.（中医文献依据分级：Ⅲb，MINORS 评分：2 分）

［23］王萍，宋言峥．祛腐生肌散外用治疗结核性窦道 50 例［J］．中原医刊，2006（18）：64.（中医文献依据分级：Ⅲb，MINORS 评分：2 分）

［24］袁天柱，寿化山，杨鲲鹏，等．非结核性顽固性胸壁切口窦道的外科治疗［J］．中华实用诊断与治疗杂志，2009（9）：905－906.（中医文献依据分级：Ⅲb，MINORS 评分：1 分）

［25］袁天柱，王奇，贾育红，等．顽固性胸壁切口窦道的外科修复［J］．重庆医学，2011（2）：207.（中医文献依据分级：Ⅲb，MINORS 评分：1 分）

［26］李论，张克明．窦道切除术治疗术后腹壁窦道 94 例体会［J］．中华疝和腹壁外科杂志（电子版），2011（4）：435－439.（中医文献依据分级：Ⅴ）

［27］潘玉琨，马富．慢性窦道的手术治疗［J］．北京军区医药，1995（6）：439－440.（中医文献依据分级：Ⅴ）

［28］李论，张克明．窦道切除术治疗术后腹壁窦道 94 例体会［J］．中华疝和腹壁外科杂志（电子版），2011（4）：435－439.（中医文献依据分级：Ⅴ）

［29］王鹏建，邱强，龚文汇，等．肌皮瓣转移在臀骶部褥疮、窦道及溃疡治疗中的应用［J］．海军总医院学报，2001（4）：225－227.（中医文献依据分级：Ⅲb，MINORS 评分：3 分）

［30］沈美华，艾合买提江·玉树甫，任鹏，等．外固定架与负压封闭引流及带蒂背阔肌皮瓣移植修复肱骨远端创伤性骨髓炎［J］．中国组织工程研究，2014（48）：7797－7803.（中医文献依据分级：Ⅲb，MINORS 评分：5 分）

［31］刘熹，冉兴无，黄富国，等．筋膜瓣和关节融合在糖尿病足窦道治疗中的应用［J］．四川大学学报（医学版），2012（5）：766－76.（中医文献依据分级：Ⅲb，MINORS 评分：2 分）

［32］李凯，岑瑛．单一或复合肌瓣移植治疗前胸壁多发性慢性窦道［J］．华西医学，2007（2）：242－243.（中医文献依据分级：Ⅲb，MINORS 评分：3 分）

［33］秦宽云，徐剑．VSD 封闭负压引流术在外伤性皮肤窦道整形修复中的应用［J］．中国实用医药，2014（10）：47－48.（中医文献依据分级：Ⅲb，MINORS 评分：3 分）

［34］罗小波，马远征，李宏伟，等．聚乙烯醇泡沫负压伤口疗法在脊柱结核术后反复窦道不愈合中的应用［J］．脊柱外科杂志，2012（3）：172－175.（中医文献依据分级：Ⅲb，MINORS 评分：3 分）

［35］李力更，吴啸波，孙柏山，等．聚乙烯乙醇水化海藻盐泡沫材料覆盖负压封闭引流在髋臼骨折合并 Morel－Lavallee 损伤内固定前的应用［J］．中国组织工程研究，2012（25）：4667－

4670. (中医文献依据分级：Ⅰb，改良 Jadad 评分：2 分)

[36] 周宇，李根卡，李海. 负压引流对褥疮合并骨感染治疗的临床效果 [J]. 中华医院感染学杂志，2014（16）：4069 – 4070，4080. (中医文献依据分级：Ⅰb，改良 Jadad 评分：2 分)

[37] 闵定宏，陈刚泉，余于荣，等. 改良负压封闭引流技术治疗难愈性创面的体会 [J]. 南昌大学学报（医学版），2011（12）：8 – 10. (中医文献依据分级：Ⅲb，MINORS 评分：2 分)

[38] 刘军，孙振中，芮永军，等. 改良负压封闭引流技术治疗小腿中下段顽固性窦道 [J]. 中国骨伤，2012（10）：861 – 863. (中医文献依据分级：Ⅲb，MINORS 评分：2 分)

[39] 万凌. 藻酸盐敷料对糖尿病足部窦道伤口治疗的疗效观察 [J]. 吉林医学，2012（34）：7498 – 7500. (中医文献依据分级：Ⅲb，MINORS 评分：12 分)

[40] 鄢春宁，谢丽娟. 藻酸盐敷料填塞促进窦道愈合的护理研究 [J]. 当代护士（中旬刊），2012（9）：4 – 5.

[41] 李巧玲，孟玲，徐海燕，等. 小剂量紫外线照射联合优拓和藻酸盐填塞治疗窦道 [J]. 护理学杂志，2011（19）：10 – 11. (中医文献依据分级：Ⅰb，改良 Jadad 评分：4 分)

[42] 管芝玲，张倩，巩霞. 藻酸盐敷料治疗窦道潜行伤口的效果观察 [J]. 中华普通外科杂志，2012，27（11）：946 – 947. (中医文献依据分级：Ⅰb，改良 Jadad 评分：4 分)

[43] 林玉珍. 藻酸盐敷料治疗顽固性窦道伤口的疗效观察 [J]. 国际医药卫生导报，2012，18（3）：418 – 420. (中医文献依据分级：Ⅰb，改良 Jadad 评分：2 分)

[44] 姚京，王世斌，李基业. 生物蛋白胶治疗慢性窦道 107 例 [J]. 武警医学，2007（8）：612 – 613. (中医文献依据分级：Ⅲb，MINORS 评分：2 分)

[45] 孙明举，麻滨瑞，王岩，等. 医用生物蛋白胶注射治疗经久不愈窦道 11 例 [J]. 解放军医学杂志，2002（8）：682. (中医文献依据分级：Ⅲb，MINORS 评分：2 分)

[46] 李基业，张鑫奎，王世斌，等. 生物蛋白胶治愈慢性窦道 7 例 [J]. 感染. 炎症. 修复，2001（2）：91. (中医文献依据分级：Ⅲb，MINORS 评分：1 分)

[47] 何多样. 美宝纱条与凡士林纱条窦道填塞效果比较 [J]. 中外医学研究，2011（12）：82. (中医文献依据分级：Ⅰb，改良 Jadad 评分：2 分)

————————————

ICS 11.120
C 05

团 体 标 准

T/CACM 1185—2019
代替 ZYYXH/T194—2012

中医外科临床诊疗指南
肉　　瘿

Clinical guidelines for diagnosis and treatment of surgery in TCM
Flesh goiter

2019-01-30 发布　　　　　　　　　　　　　2020-01-01 实施

中华中医药学会 发布

前　　言

本指南按照 GB/T1.1—2009 给出的规则起草。

本指南代替了 ZYYXH/T194—2012 中医外科常见病诊疗指南·肉瘿，与 ZYYXH/T194—2012 相比，主要技术变化如下：

——修改了肉瘿的定义（见 3，2012 年版的 2）；

——修改了临床表现（见 4.1.1，2012 年版的 3.1.1）；

——修改了辅助检查，删除了辅助检查中的影像学检查（颈部 X 线正侧位摄片），增加了甲状腺 CT 和 MRI 检查（见 4.1.2，2012 年版的 3.1.2）；

——修改了鉴别诊断，删除与颈痈的鉴别，增加了与气瘿、石瘿的鉴别（见 4.2，2012 年版的 3.2）；

——修改了肉瘿的治疗原则（见 5.1，2012 年版的 5.1）；

——修改了辨证分型，将气郁痰凝证修改为气滞痰凝证，增加了痰瘀互结证、阳虚痰凝证两个证型，删除了常用药及加减，修改了气阴两虚证的主方（见 5.2.1.1，2012 年版的 5.2）；

——修改了肉瘿的中成药治疗（见 5.2.1.2，2012 年版的 5.3）

——删除了肉瘿的针灸疗法（见 2012 年版的 5.5）；

——增加了肉瘿的其他疗法（见 5.2.3）；

——增加了治疗的推荐等级（见 5）；

——增加了预防与调护（见 6）；

——增加了参考文献。

本指南由中华中医药学会提出并归口。

主要起草单位：上海中医药大学附属龙华医院。

参加起草单位：北京中日友好医院，北京中医药大学第三附属医院，山东中医药大学附属医院，河北省石家庄市中医院，河北医科大学，上海市长宁区天山中医医院，上海市普陀区中医医院，江苏省南通市中医院，上海中医药大学附属曙光医院，湖北省武汉市中医医院，山东省潍坊市中医院，江西中医药大学附属医院。

主要起草人：阙华发、夏仲元、唐汉钧、裴晓华、宋爱莉、张建强、成秀梅、唐新、楼映、龚旭初、刘晓鸫、向寰宇、汪陆玲、李国楼、王万春。

本指南于 2012 年 7 月首次发布，2019 年 1 月第一次修订。

引　言

中医学的肉瘿相当于现代医学的甲状腺囊肿、甲状腺结节、甲状腺腺瘤。2012 年国家中医药管理局、中华中医药学会组织编写、出版 ZYYXH/T194—2012 中医外科常见病诊疗指南·肉瘿，对本病的中医临床诊疗发挥了重要作用。但经临床实践发现，该指南尚存在一些问题，如辅助检查的选择不符合目前临床需求，辨证分型过少，不适应临床实际，缺少含碘量高的中药在肉瘿临床治疗中的运用指导，欠缺预防与调护等。基于以上原因，对本指南进行补充、修订、更新。

指南编写小组在 ZYYXH/T194—2012 中医外科常见病诊疗指南·肉瘿的基础上，重点检索了近 5 年来与肉瘿中医药诊疗相关的文献资料，包括证候规范化、证候演变规律，以及综合防治方案的优化、中医药有效药物的研究等方面取得的证据，参考部分古籍资料，通过文献研究和循证医学方法，选择高质量的证据，形成新的推荐意见，在临床一致性观察过程中，发现问题，反馈意见，探讨指南的实用性、可理解性、适用性，在上述工作基础上更新形成本指南。

修订后的指南对肉瘿的鉴别诊断进行调整，突出最易误诊的疾病；增加了辨证分型内容，使之更适应临床选用；增加了手术疗法、经皮穿刺热消融治疗；增加了含碘量较高的中药方剂使用注意事项；增加了预防与调护；并补充了相关参考文献。

中医外科临床诊疗指南 肉瘿

1 范围

本指南提出了肉瘿的诊断、辨证、治疗。

本指南适用于甲状腺腺瘤、甲状腺囊肿、甲状腺结节的诊断和治疗。

2 规范性引用文件

下列文件中的条款通过本标准的引用而成为本标准的条款。凡是注日期的引用文件，其随后的修改（不包括勘误的内容）均不适应于本部分，然而，鼓励根据本标准达成协议的各方研究使用这些文件的最新版本。凡是不注日期的引用文件，其最新版本适用于本标准。

GB/T16751.2—1997 中华人民共和国国家标准·中医临床诊疗术语·证候部分

ZY/T001.1～001.9—94 中华人民共和国中医药行业标准·中医病证诊断疗效标准

3 术语和定义

下列术语和定义适用于本标准。

3.1

肉瘿 Flesh goiter

肉瘿是发生于颈部结喉正中的椭圆形或半球形结块，皮色如常，可随吞咽动作上下移动，为颈部的良性肿瘤。相当于西医的甲状腺腺瘤、甲状腺囊肿、甲状腺结节。

3.2

甲状腺腺瘤 Thyroid adenoma

起源于甲状腺滤泡组织的良性肿瘤。

3.3

甲状腺囊肿 Thyroid cyst

甲状腺组织中含有液体的囊状物。

3.4

甲状腺结节 Thyroid nodule

甲状腺细胞在局部异常生长所引起的散在病变。

4 诊断

4.1 诊断要点

4.1.1 临床表现

甲状腺腺瘤，多发生于20～40岁的青壮年。多数患者无自觉症状，往往无意中发现颈前肿物。肿瘤多为单发，呈半球形或椭圆形，皮色如常，表面光滑，边界清楚，质地韧实，与皮肤无粘连，无压痛，可随吞咽上下活动。肿瘤直径一般在1～3cm，巨大者少见。巨大瘤体可产生邻近器官受压征象。有时因出血，瘤体会突然增大而伴有胀痛。若肿瘤迅速增大且活动受限，瘤体硬实而粗糙不平，出现声音嘶哑或呼吸困难，以及颈部淋巴结肿大，则应当考虑有恶变的可能。

甲状腺结节，多见于女性，病程较长。大多数甲状腺结节患者没有临床症状，部分较大的结节临床可触及，多随吞咽活动。合并甲状腺功能异常时，可出现相应的临床表现。部分患者由于结节压迫周围组织，出现声音嘶哑、压气感、呼吸/吞咽困难等压迫症状。

甲状腺囊肿，大多数可由单纯性甲状腺肿，结节性甲状腺肿和甲状腺腺瘤退变而来。多为柔软的结节，触诊有囊性感；当内容物较多而囊内压力较高时，触诊有坚实感。

4.1.2 辅助检查

4.1.2.1 超声检查

超声检查表现为大部分单发肿块，少数为多发或双侧甲状腺同时发病，边界清晰，边缘整齐，病灶周边可见晕圈及正常甲状腺组织（甲状腺腺瘤）。或大部分多发，无包膜，边界模糊，形态欠规则，部分无声晕，团块间及团块内穿行的血流信号；周围组织回声不均可见纤维光带（甲状腺结节）。或可见无回声区（甲状腺囊肿）。

4.1.2.2 彩色多普勒血流显像（CDFI）

显示腺瘤周围可见环状血流信号（甲状腺腺瘤）。

4.1.2.3 甲状腺激素水平测定

包括三碘甲状腺原氨酸（TT_3）、甲状腺素（TT_4）、游离 T_3（FT_3）、游离 T_4（FT_4）、高灵敏促甲状腺素（s-TSH）、反 T_3（rT_3）、甲状腺球蛋白（TG）、甲状腺球蛋白抗体（TGAb）、甲状腺过氧化物酶抗体（TPOAb）、促甲状腺素受体抗体（TRAb）、血清降钙素水平。

4.1.2.4 超声引导下的甲状腺细针穿刺和细胞学检查（FNAC）

根据超声的特征推荐进行诊断性 FNAC，明确甲状腺肿块的性质。

4.1.2.5 甲状腺 CT 和 MRI 检查

拟行手术治疗的甲状腺结节，术前可行颈部 CT 或 MRI 检查，显示结节与周围解剖结构的关系。

4.1.2.6 甲状腺同位素扫描

根据甲状腺结节部位反应性高低，将结节分为四种，即热结节、温结节、凉结节、冷结节，其结果对结节的良、恶性鉴别有重要的临床意义。根据资料统计，温结节、热结节多为良性可能，而冷结节恶性率较高，尤其是单发冷结节应高度警惕是否为恶性。

4.2 鉴别诊断

4.2.1 气瘿

颈前结喉部漫肿，按之软而有囊性感，其内似有积气，肿块可随喜怒而消长。

4.2.2 瘿痈

颈前肿块突然发生，迅速增大，肿胀、灼热、疼痛，可伴恶寒发热。

4.2.3 石瘿

颈前肿块质地坚硬，表面凹凸不平，吞咽时移动受限，甚至推之不移。可伴有颈部淋巴结肿大。

4.2.4 甲状舌骨囊肿

位于颈前中线或其附近，由于和舌骨相连，也可随吞咽而活动。可做伸舌试验，若随舌的伸缩而上下移动，则为甲状舌骨囊肿。甲状腺腺瘤、甲状腺囊肿不能随舌的伸缩而上下移动。

5 辨证

5.1 气滞痰凝证

主症：颈部可触及结块，质地柔软，时有喉间梗阻感，情志抑郁，善太息。

次症：常伴有颌下淋巴结肿大，胁肋疼痛时作，乳房胀痛。

舌象：舌质暗红，舌苔薄腻。

脉象：脉弦或滑。

5.2 痰瘀互结证

主症：颈部可触及结块，质地坚韧，颈部时有作胀，胸闷。

次症：颈部憋闷、刺痛时作，妇女痛经、经色暗红有血块。

舌象：舌质暗紫，或舌边有瘀斑。

脉象：脉涩或细。

5.3 阳虚痰凝证

主症：颈部可触及结块，常伴畏冷肢凉，神疲嗜睡，纳呆，脘腹胀满。

次症：神疲乏力，面色萎黄，喜饮温水，下腹冷痛时作，大便稀薄。

舌象：舌质淡，舌体胖大、边有齿痕，舌苔薄白。

脉象：脉沉细。

5.4 气阴两虚证

主症：颈部可触及结块，按之柔软，可伴急躁易怒，五心烦热，口干咽干，失眠多梦，口苦。

次症：盗汗，自汗，形体消瘦，便秘，耳鸣。

舌象：舌质红，舌苔少。

脉象：脉细。

上述证型的确定，凡符合主症3项，或主症2项、次症1项，或主症1项、次症2项，同时苔、脉相符者，即可确诊。

6 治疗

6.1 治疗原则

中医治疗原则：以理气活血、解郁化痰为主。

西医治疗原则：门诊随访，密切观察，必要时手术治疗。

6.2 分证论治（推荐级别：A）

6.2.1 气滞痰凝证

治法：疏肝理气，化痰软坚。

方药：逍遥散（《太平惠民和剂局方》）合海藻玉壶汤（《医宗金鉴》）。（推荐级别：C）

6.2.2 痰瘀互结证

治法：活血化瘀，化痰软坚。

方药：桃红四物汤（《医宗金鉴》）合海藻玉壶汤（《医宗金鉴》）。（推荐级别：C）

6.2.3 阳虚痰凝证

治法：温阳化痰，软坚散结。

方药：肾气丸（《金匮要略》）合阳和汤（《外科诊治全生集》）、海藻玉壶汤（《医宗金鉴》）。（推荐级别：C）

6.2.4 气阴两虚证

治法：益气养阴，软坚散结

方药：生脉散（《内外伤辨惑论》）合消瘰丸（《医学心悟》）。（推荐级别：C）

6.3 中成药

可口服小金丸、夏枯草口服液、内消瘰疬丸、平消胶囊等中成药治疗。（推荐级别：C）

6.4 外治法

冲和膏、阳和解凝膏掺黑退消或桂麝散外贴。（推荐级别：C）

6.5 其他疗法

6.5.1 手术

药物治疗3~6个月，肿块无明显缩小者，或伴有甲状腺功能亢进者，或近期肿块增大明显者，有恶变倾向者，应考虑手术治疗。

6.5.2 可根据病情选择超声引导下经皮穿刺热消融术等治疗。（推荐级别：C）

6.6 含碘量较高的中药方剂使用

对于本指南推荐的方药海藻玉壶汤，其含碘量较高，在临床使用中应特别注意，根据患者的症状、甲状腺功能及甲状腺相关抗体水平，医生应酌情使用该方剂，注意密切观察患者症状，监测甲状腺功能与甲状腺相关抗体水平的变化，及时调整用药及剂量。

7 预防与调护

——调畅情志，劳逸适度。

——在保证每日碘的生理需要量（120～150μg）的基础上，控制含碘物质的摄入；宜多吃具有消肿散结作用的食物；甲状腺结节出现颈前结块疼痛时，忌食辛辣刺激食物；忌食肥腻、油煎食物。

参 考 文 献

[1] 陈红风. 全国普通高等教育中医药类精编教材·中医外科学 [M]. 上海. 上海科学技术出版社, 2007.

[2] 中华医学会内分泌学分会, 中华医学会外科学分会内分泌学组, 中国抗癌协会头颈肿瘤专业委员会, 中华医学会核医学分会. 甲状腺结节和分化型甲状腺癌诊治指南 [J]. 中华内分泌代谢杂志, 2012, 28 (10): 779 - 797.

[3] 刘星君, 施秉银, 王毅, 等. 超声在甲状腺结节处理中的价值: 123 例甲状腺结节患者超声声像图分析 [J]. 中华内分泌代谢杂志, 2010 (11): 963 - 966.

[4] 中华医学会内分泌学会《中国甲状腺疾病诊治指南》编写组. 中国甲状腺疾病诊治指南——甲状腺结节 [J]. 中华内科杂志, 2008, 47 (10): 867 - 868.

[5] 吕珂, 姜玉新, 张缙熙, 等. 甲状腺结节的超声诊断研究 [J]. 中华超声影像学杂志, 2003, 12 (5): 285 - 288.

[6] 杨长峰. 单发结节性甲状腺肿与甲状腺腺瘤的超声鉴别诊断 [J]. 浙江中西医结合杂志, 2012, 22 (7): 553 - 554.

[7] 马腾, 朱强, 石文媛, 等. 超声引导下细针抽吸细胞学检查对甲状腺结节的诊断价值 [J]. 中国耳鼻咽喉头颈外科, 2015, 22 (10): 507 - 509.

[8] 仇莲胤, 阙华发. 甲状腺结节辨证分型标准的临床研究 [J]. 上海中医药大学学报, 2013, 27 (4): 29 - 30.

[9] 赵荣, 柏莉娟. 逍遥散加减方治疗甲状腺腺瘤 36 例 [J]. 内蒙古中医药, 2014, 33 (35): 23.

[10] 刘洪, 陈宏鹏, 王宽宇. 海藻玉壶汤治疗甲状腺腺瘤 30 例 [J]. 光明中医, 2011, 26 (5): 949 - 950.

[11] 徐永昌. 海藻玉壶汤加减治疗甲状腺腺瘤 36 例疗效观察 [J]. 中医临床研究, 2013, 5 (23): 14 - 15.

[12] 何英. 阙华发运用温阳法治疗甲状腺结节经验 [J]. 上海中医药杂志, 2011, 45 (5): 5 - 6.

[13] 范丽, 余江毅. 消瘰丸联合龙血竭胶囊治疗甲状腺结节 37 例疗效观察 [J]. 云南中医学院学报, 2013, 36 (5): 40 - 42.

[14] 李晏瑶, 余江毅. 龙血竭胶囊联合消瘰丸治疗 80 例甲状腺结节的疗效观察 [J]. 国际中医中药杂志, 2014, 36 (2): 160 - 162.

[15] 李丽, 陈琢, 贾志强, 等. 小金丸治疗甲状腺功能正常的结节性甲状腺肿 160 例 [J]. 中国药业, 2013, 22 (22): 84 - 85.

[16] 安艳芳, 韩海红. 夏枯草口服液治疗气郁痰阻型结节性甲状腺肿临床观察 [J]. 上海中医药杂志, 2015 (6): 45 - 46.

[17] 胡树清, 裘雪冬. 温灸结合口服内消瘰疬丸治疗甲状腺结节的临床疗效 [J]. 海峡药学, 2015, 2 (2): 163 - 164.

[18] 陆涛. 平消胶囊联合海猫贝苓莪蛎汤治疗甲状腺腺瘤 [J]. 现代肿瘤医学, 2003, 11 (3): 236 - 237.

[19] 王孝文. 平消胶囊治疗结节性甲状腺肿 40 例疗效观察 [J]. 当代医学, 2009, 15 (191): 150

[20] 卞子瑶. 平消胶囊联合龙血竭胶囊治疗结节性甲状腺肿 [J]. 国际中医中药杂志, 2015, 37 (3): 232 - 234.

[21] 王万春. 唐汉钧治疗外科杂病经验拾萃 [J]. 江西中医药, 2002, 33 (6): 5 - 6.

[22] 章建全, 马娜, 徐斌. 超声引导监测下经皮射频消融甲状腺腺瘤的方法学研究 [J]. 中华超声影像学杂志, 2010, 16 (10): 861 - 865.

[23] 顾建华, 赵欣, 王毅. 超声引导下微波消融治疗技术在甲状腺良性结节中的应用 [J]. 中华超声影像学杂志, 2015, 24 (8): 720 - 722.

[24] 马树花, 周平. 超声引导下热消融治疗甲状腺结节的应用 [J]. 中外医学研究, 2014, 12 (13): 146 - 148.

[25] 胡越, 高毅娜, 陈宝定, 等. 甲状腺结节微波消融治疗对甲状腺功能的近期影响 [J]. 江苏大学学报: 医学版, 2015, 3 (3): 274 - 276.

[26] 章建全. 甲状腺结节经皮射频、微波消融治疗指南 [J]. 中国医刊, 2014, 49 (增刊): 90 - 96.

[27] Yucel Korkusuz, Oscar Maximilian Mader, Wolfgang Kromen, et al. Cooled microwave ablation of thyroid nodules: Initial experience. European Journal od Radiology, 2016 (85): 2127 - 2132.

[28] Wenwen Yue, Shurong Wang, Bin Wang, et al. Ultrasound guided percutaneous microwave ablation of benign thyroid nodules: safety and imaging follow - up in 222 patients. European Journal od Radiology, 2013 (82): e11 - e16.

ICS 11.120
C 05

团 体 标 准

T/CACM 1186—2019
代替 ZYYXH/T188—2012

中医外科临床诊疗指南
粉刺性乳痈

Clinical guidelines for diagnosis and treatment of surgery in TCM
Comedomastitis

2019-01-30 发布　　　　　　　　　　　　　2020-01-01 实施

中 华 中 医 药 学 会 发布

前　言

本指南按照 GB/T1.1—2009 给出的规则起草。

本指南代替了 ZYYXH/T 188—2012 中医外科常见病诊疗指南·粉刺性乳痈，与 ZYYXH/T 188—2012 相比，主要技术变化如下：

——修改了粉刺性乳痈的定义（见 2，2012 年版的 2）；

——修改了诊断（见 3.1，2012 年版的 3.1）；

——修改了实验室检查（见 3.2.1，2012 年版的 3.1.2）；

——增加了增强 MRI 检查（见 3.2.2，2012 年版的 3.1.2）；

——删除了乳腺 X 线钼靶和 CT 增强检查（见 2012 年版的 3.1.2.2）；

——修改了病理学检查（见 3.2.3，2012 年版的 3.1.2）；

——修改了鉴别诊断（见 3.3，2012 年版的 3.2）；

——修改了辨证（见 4，2012 年版的 4）；

——修改了治疗原则（见 5.1，2012 年版的 5.1）；

——修改了分证论治（见 5.2，2012 年版的 5.2）；

——修改了分期外治（见 5.3，2012 年版的 5.3）；

——增加了切除缝合术（见 5.4）；

——增加了治疗的推荐等级（见 5）；

——增加了预防与调护（见 6）；

——增加了参考文献。

本指南由中华中医药学会提出并归口。

本指南主要起草单位：上海中医药大学附属龙华医院。

本指南参加起草单位：北京中医药大学第三附属医院、上海中医药大学附属曙光医院、首都医科大学附属北京中医医院、浙江省中医院、山东中医药大学附属医院、河北中医学院、北京中日友好医院、桂林市中医医院、江西中医药大学附属医院、南通市中医院、上海市天山中医医院、上海市普陀中医医院。

本指南主要起草人：陈红风、程亦勤、裴晓华、万华、张董晓、王蓓、宋爱莉、成秀梅、夏仲元、卓睿、吴雪卿、叶媚娜、王万春、龚旭初、唐新、楼映、周悦。

本指南于 2012 年 7 月首次发布，2019 年 1 月第一次修订。

引　言

粉刺性乳痈是中医药治疗经验丰富且疗效显著的外科疾病。2012年发布的《中医外科临床诊疗指南·粉刺性乳痈》（以下简称"本指南"）对本病的中医临床诊疗发挥了重要作用。但经临床实践发现，该指南尚存在一些问题：如定义不够全面，辨证分型过少不适应临床实际选用，手术方法不符合临床实际应用，欠缺预防与调护等。基于以上原因，对本指南进行补充、修订、更新。本次修订依据临床研究的最新进展和技术方法，在专家共识的基础上引入文献推荐等级，使之更适应临床变化、更具有普遍指导价值，以期更科学、更规范、更严格、更实用。

本指南的修订基于循证医学证据的收集、现代文献的评价、国内中医专家经验的搜集和整理，按照指南相关内容进行统计分析，参照德尔菲法进行专家调查问卷，将循证证据和专家共识进行结合。同时，此次修订工作开展了临床一致性评价及方法学质量评价，避免了指南在实施过程中由于地域差异造成的影响，最大程度上保证指南的科学性、实用性及规范性，以便本版指南的推广实施。

修订后的指南对粉刺性乳痈的定义进行了补充，使之更全面；增加了辨证分型的内容，使之更适应临床选用；增加了切除缝合术，在中医外治原则思想指导下，以西为中用的手段丰富了中医外科手术技术；增加了预防与调护；并补充了相关参考文献。

中医外科临床诊疗指南 粉刺性乳痈

1 范围

本指南规定了粉刺性乳痈的诊断、辨证、治疗。

本指南适用于粉刺性乳痈的诊断和治疗。

2 术语和定义

下列术语和定义适用于本指南。

2.1

粉刺性乳痈 Comedomastitis

粉刺性乳痈是发生于非哺乳期和非妊娠期妇女的慢性化脓性乳腺疾病。其临床特点是常有乳头凹陷或溢液，化脓溃破后脓液中夹有粉刺样物质，易反复发作，形成瘘管，经久难愈，全身症状较轻。相当于西医的浆细胞性乳腺炎、肉芽肿性乳腺炎、乳腺导管扩张症等。

3 诊断

3.1 诊断要点

多发生在非哺乳期、非妊娠期的女性。单侧乳房发病多见，也可双侧发病。偶见男性。

部分患者伴有先天性乳头全部或部分凹陷，并有白色带臭味的粉刺样分泌物或淡黄色油脂样分泌物溢出。

临床表现复杂多样，常分肿块期、脓肿期、瘘管期。初起结块发于乳房一处，多伴疼痛，逐渐出现红肿，容易由一个象限蔓延到多个象限，形成多灶脓肿。溃破后脓液中夹杂白色粉刺样分泌物或淡黄色油脂样分泌物，久不收口，形成瘘管；乳晕区病灶常与输乳孔相通；或反复红肿，溃口相继增多。病程长达数月或数年。

大多数患者恶寒发热等全身症状较轻。部分患者急性发作期可有高热，少数可见下肢皮肤结节红斑。

3.2 检查

3.2.1 实验室检查

部分病例可有血白细胞总数及中性粒细胞比例升高、血清催乳素升高。

脓液细菌培养无特异性细菌生长（如结核杆菌等）。

3.2.2 影像学检查

3.2.2.1 B超

早期仅见导管扩张；脓肿期可见多灶性不规则低回声、液性暗区或混合性团块连成片状。

3.2.2.2 增强MRI

肿块期、成脓期可见多灶性不规则低密度影，周围见不均匀强化；瘘管期可见局限性低密度影或管道样结构（乳晕区多见）。

3.2.3 病理学检查

乳房肿块细针穿刺或空芯针穿刺病理学支持非特异性炎性病变，可见到急、慢性炎细胞或浆细胞，导管扩张，肉芽肿形成等。

3.3 鉴别诊断

3.3.1 乳岩

粉刺性乳痈表现为结块红肿时易与炎性乳腺癌相混淆。炎性乳腺癌多见于妇女妊娠期或哺乳期，乳房迅速增大，发热，皮肤呈红色或紫红色，弥漫性肿大。同侧腋窝淋巴结明显肿大，质硬固定。如溃破后大多渗流血水而非脓液。病变进展较快，预后不良。

3.3.2 乳衄

乳衄在临床最常见的是乳腺导管内乳头状瘤，表现为乳头溢液呈血性或水样透明液体，部分在乳晕部可触及圆形肿块，但无红肿热痛，肿块不会化脓。而且无乳头凹陷畸形和粉刺样物排出。

3.3.3 乳痨

乳痨是结核杆菌侵袭乳房而发生的慢性化脓性疾病，起病缓慢，初起无明显疼痛，成脓期皮色黯红，脓出稀薄，夹有败絮样物质，局部呈潜行性空腔或窦道，日久不愈。常伴有低热、盗汗、疲倦、消瘦等阴虚内热证。

3.3.4 乳痈

乳痈是发生于哺乳期或妊娠期妇女的乳房部急性化脓性疾病，乳房红肿热痛显著，溃后脓出稠厚色黄并夹有乳汁，大多伴有恶寒发热等明显全身症状。

4 辨证

4.1 肝经郁热证

结块红肿疼痛，或伴有溃破出脓；乳头溢液或乳头凹陷有粉刺样物溢出；或伴发热、头痛。舌质红，苔黄腻，脉滑数。

4.2 余毒未清证

脓肿自溃或切开后脓水淋漓，久不收口，时发时敛，局部可有僵硬肿块，皮色暗红或不红。舌质淡或红，苔薄黄，脉弦。

4.3 痰热瘀结证

肿块经久不消，局部皮色瘀黯，质地中或偏硬，伴有疼痛或触痛，未见溃脓。舌质暗红或有瘀斑，苔薄或腻，脉滑。

5 治疗

5.1 治疗原则

内治与外治相结合，未溃偏重内治，已溃偏重外治。根据具体情况配合使用药物外治、手术切开排脓或扩创或拖线或区域切除等方法。若合并严重感染者应及时中西医结合控制感染。

5.2 分证论治

5.2.1 肝经郁热证

治法：疏肝清热，和营消肿。（推荐等级：E）

方药：柴胡清肝汤（《医宗金鉴》）加减。

组成：柴胡、黄芩、连翘、夏枯草、蒲公英、皂角刺、当归、生地、山栀、赤芍、生甘草。

加减：肿痛明显者，加金银花；并发结节性红斑者，加丹皮、忍冬藤、茅莓根；肿块偏硬，红热不显者，加川芎、桃仁、鹿角片、炮姜、白芥子；大便干结难解者，加枳实。

5.2.2 余毒未清证

治法：扶正托毒。（推荐等级：E）

方药：托里消毒散（《外科正宗》）加减。

组成：生黄芪，党参，白术，白芍，茯苓，川芎，当归，银花，皂角刺，白花蛇舌草，生山楂，生甘草。

加减：局部僵块明显者，加丹参、桃仁、鹿角片；脓水稀薄，创面色淡者，倍生黄芪，加熟地、枸杞；乳头孔或脓水中脂质分泌物较多者，加乌梅、炒谷芽、炒麦芽。

5.2.3 痰热瘀结证

治法：清热化痰，和营散结。

推荐方药：黄连温胆汤（《六因条辨》）加减。

组成：黄连、半夏、枳实、竹茹、陈皮、茯苓、黄芩、白芥子、赤芍、丹参、甘草。

加减：局部有红肿者，加蒲公英、龙葵；欲成脓者，加皂角刺、川芎、白芷；肿块质硬难消者，加海藻、莪术、鹿角片、炮姜。

5.3 分期外治

5.3.1 肿块期

5.3.1.1 红肿热痛者，金黄膏或青黛膏等外敷。（推荐等级：C）

5.3.1.2 局部僵肿，无红热疼痛者，冲和膏等外敷。（推荐等级：E）

5.3.2 脓肿期、瘘管期

5.3.2.1 切开排脓法（推荐等级：C）

适用于单个脓肿皮薄未溃者，可在局部麻醉下，用手术刀做 1～2cm 小切口以引脓泄毒。

5.3.2.2 切开扩创法（推荐等级：D）

适用于单纯性、复杂性瘘管或多发脓肿期。单纯性瘘管可用局部麻醉，复杂性瘘管或多发脓肿期应用连续性硬膜外麻醉或全身麻醉。常规消毒后，切开瘘管和脓腔。在探针引导下酌情切开通向乳头孔的瘘管。

5.3.2.3 拖线法（推荐等级：E）

适用于病灶范围较大，或病灶与乳头孔相通，但乳头凹陷不严重者。可用 4～5 股 4 号丝线或纱条，每天换药时可来回拖拉，清洗后再撒布九一丹等提脓祛腐药物拖回，使药物充分接触未切开的内腔疮面，既可发挥提脓祛腐，又能起到引流的作用。建议 10～14 天拆线，拆线后多配合垫棉绑缚法促使内部创腔粘合。

5.3.2.4 乳头矫形法（推荐等级：E）

适用于乳头先天性凹陷。循探针楔形切开乳头瘘管，再适度修切乳头、乳晕切缘及乳头下索带；对于外形良好者，可直接采用丝线沿乳头乳晕切缘对位缝合，对凹陷明显者，还可在乳头下作内荷包缝合。

5.3.2.5 药捻引流法（推荐等级：E）

多应用于脓肿切排后或瘘管期，根据脓腔深度及瘘管长度，选择相适宜的药线，蘸上八二丹或九一丹等提脓祛腐药物引流排脓。

5.3.2.6 纱条引流法（推荐等级：E）

多应用于手术扩创以后，祛腐阶段采用红油膏纱条掺九一丹等提脓祛腐药物，腐去新生阶段改用红油膏纱条掺生肌散。

5.3.2.7 冲洗法（推荐等级：E）

运用于创腔较深长者，可选用清热解毒、祛腐生新的药液清洗出腔道内的残留脓液。若脓液已尽者，可注入生肌收口的溶液促进愈合。

5.3.3 收口期

5.3.3.1 生肌法（推荐等级：E）

创面脓腐已净，采用生肌散、白玉膏等具有生肌敛创作用的药物促使愈合。

5.3.3.2 垫棉绑缚法（推荐等级：E）

适用于深层瘘管、创腔较大者，见到创面脓腐已净，渗出液转清，脓液培养提示无细菌生长，可用棉垫压迫空腔处，再予以加压绑缚，促进腔壁粘合与愈合。

5.4 切除缝合术

5.4.1 I期缝合术（推荐等级：E）

适应证：脓肿局限、瘘管期、僵肿不消，皮肤完好或破溃口不多，有条件采取 I 期清创缝合术者。

手术方式：依据病灶及皮肤溃口位置选择合适的切口，采取区段或象限切除整个病变范围的全层腺体组织，残腔腺体切缘组织必须正常，乳房后间隙及皮下脂肪组织可适当保留。手术范围较大者，当放置负吸引流。

5.4.2 Ⅱ期缝合术（推荐等级：E)

适应证：对于已行扩创治疗，脓腐脱净，创腔缩小，但疮口凹陷明显或有窦道形成，愈合缓慢者，可以采取Ⅱ期清创加创口皮肤修剪缝合术，以加速愈合。

手术方式：应依据原疮口形状，选择合适的切口，在保证缝合口甲级愈合的同时，注重缝合后乳房的外形改变程度。

6 预防与调护

经常保持乳头清洁，清除分泌物；忌食油腻、海鲜及辛辣炙煿之品；切忌乳房部外力撞击或佩戴过紧文胸；保持心情舒畅；病情反复发作者更要树立信心，积极配合治疗。

参 考 文 献

［1］顾伯华. 实用中医外科学［M］. 上海：上海科技出版社，1985.

［2］陆德铭. 实用中医乳房病学［M］. 上海：上海中医学院出版社，1993.

［3］李曰庆. 中医外科学［M］. 北京：中国中医药出版社，2002.

［4］林毅，唐汉钧. 现代中医乳房病学［M］. 北京：人民卫生出版社，2003.

［5］陈红风. 中医外科学［M］. 第 2 版，北京：人民卫生出版社，2012.

［6］Altintoprak F，Kivilcim T，Ozkan OV. Aetiology of idiopathic granulomatous mastitis［J］. World J Clin Cases，2014，2（12）：852－858.（证据分级：Ⅴ）

［7］Bouton ME，Winton LM，Gandhi SG，et al. Temporal resolution of idiopathic granulomatous mastitis withresumption of bromocriptine therapy for prolactinoma［J］. Int J Surg Case Rep，2015（10）：8－11.（证据分级：Ⅴ）

［8］Dobinson HC，Anderson TP，Chambers ST，et al. Antimicrobial Treatment Options for Granulomatous Mastitis Causedby Corynebacterium Species［J］. J Clin Microbiol，2015，53（9）：2895－2899.（证据分级：Ⅳ）

［9］Taylor GB，Paviour SD，Musaad S，et al. A clinicopathological review of 34 cases of inflammatorybreast disease showing an association between corynebacteriainfection and granulomatous mastitis［J］. Pathology，2011（35）：109－119.（证据分级：Ⅳ）

［10］Larsen LJH，Peyvandi B，KlipfelN，et al. Granulomatous lobular mastitis－imaging，diagnosis and treatment［J］. AJR Am J Roentqenol，2009，193（2）：574－581.（证据分级：Ⅳ）

［11］Boufettal H，Essodegui F，Noun M，et al. Idiopathic granulomatous mastitis：a report of twenty cases［J］. Diagn Interv Imaging，2012，93（7－8）：586－596.（证据分级：Ⅳ）

［12］Yildiz S，Aralasmak A，KadiogluH，et al. Radiologic findings of idiopathic granulomatous mastitis［J］. Med Ultrason，2015，17（1）：39－44.（证据分级：Ⅳ）

［13］Rieber A，Tomczak RJ，Mergo PJ，et al. MRI of the breast in the differential diagnosis of mastitis versus inflammatory carcinoma and follow－up［J］. JComput Assist Tomogr，1997，21（1）：128－132.（证据分级：Ⅳ）

［14］Gangopadhyay M，De A，Chakrabarti I，et al. Idiopathic granulomatousmastitis－utility of fine needle aspiration cytology（FNAC）in preventing unnecessary surgery［J］. J Turkish－German Gynecol Assoc，2010（11）：127－130.（证据分级：Ⅳ）

［15］Seo HRN，Na KY，Yim HE，et al. Differential Diagnosis in Idiopathic Granulomatous Mastitis and Tuberculous Mastitis. J Breast Cancer，2012，15（1）：111－118.（证据分级：Ⅳ）

［16］叶媚娜，杨铭，程亦勤，等. 偏最小二乘判别分析法在九一丹外用治疗浆细胞性乳腺炎的安全性分析［J］. 中国中西医结合杂志，2015，35（4）：429－433.（证据分级：Ⅳ，MINORS 条目评价：11 分）

［17］王鸿林，吕刚，王亚冬，等. 清热活血法治疗急性期浆细胞性乳腺炎疗效观察［J］. 实用中医药杂志，2014，30（10）：915－916.（证据分级：Ⅱ，MINORS 条目评价：8 分）

[18] 倪毅，殷飞，薛博瑜，等．中西医结合治疗浆细胞性乳腺炎 90 例 [J]．南京中医药大学学报，2013，29（3）：220 – 222（证据分级：Ⅱ，MINORS 条目评价：8 分）

[19] 阚庆辉，左怀全．中西医结合治疗浆细胞性乳腺炎疗效观察 [J]．四川中医，2014，32（4）：107 – 109．（证据分级：Ⅱ，MINORS 条目评价：8 分）

[20] 刘永华．中药清热解毒利湿为主内服外敷治疗浆细胞性乳腺炎 [J]．中国现代药物应用，2014，8（16）：222 – 223（证据分级：Ⅱ，MINORS 条目评价：7 分）

[21] 张广．综合治疗浆细胞性乳腺炎疗效观察 [J]．现代临床医学，2014，40（5）：368 – 369．（证据分级：Ⅱ，MINORS 条目评价：7 分）

[22] 金莉，陈青．阳和汤加减治疗浆细胞性乳腺炎 20 例临床观察 [J]．浙江中医杂志，2014，49（8）：586（证据分级：Ⅱ，MINORS 条目评价：6 分）

[23] 朱华宇，司徒红林，吴元胜．肉芽肿性乳腺炎中医综合治疗与手术治疗的回顾性队列研究 [J]．时珍国医国药，2014，25（3）：635 – 637．（证据分级：Ⅲ，MINORS 条目评价：8 分）

[24] 沈加君．54 例浆细胞性乳腺炎的治疗 [J]．临床医学，2006，26（10）：36 – 37．（证据分级：Ⅲ，MINORS 条目评价：7 分）

[25] 陈豪，程亦勤，金惜雯．九一丹外用治疗乳房慢性炎症性创面的血汞、尿汞观察 [J]．辽宁中医杂志，2014，41（6）：1209 – 1211．（证据分级：Ⅴ，MINORS 条目评价：8 分）

[26] 程亦勤，叶媚娜，陈豪．九一丹外用治疗粉刺性乳痈 30 例安全性分析 [J]．上海中医药大学学报，2012，26（1）：45 – 48．（证据分级：Ⅴ，MINORS 条目评价：7 分）

[27] 万华，吴雪卿，葛彦，等．浆细胞性乳腺炎的中西医结合治疗 [J]．外科理论与实践，2008，13（2）：111 – 114．（证据分级：Ⅴ，MINORS 条目评价：7 分）

[28] 孙建飞，陈志国，雷霆，等．中医药治疗浆细胞性乳腺炎 41 例 [J]．现代中西医结合杂志，2009，18（11）：1254 – 1255．（证据分级：Ⅴ，MINORS 条目评价：6 分）

[29] 张淑群，纪宗正，薛兴欢，等．浆细胞性乳腺炎的诊断和治疗（附 124 例临床分析）[J]．临床外科杂志，2007，15（6）：378 – 379．（证据分级：Ⅴ，MINORS 条目评价：5 分）

[30] 周英，董树枫．25 例肉芽肿性乳腺炎诊治分析 [J]．浙江实用医学，2014，19（2）：119，129．（证据分级：Ⅴ，MINORS 条目评价：5 分）

[31] 院雅丽，赵瑛．77 例浆细胞性乳腺炎分析 [J]．临床医药实践杂志，2008，17（4）：272 – 273．（证据分级：Ⅴ，MINORS 条目评价：5 分）

[32] 任晓梅，卞卫和．挂线疗法治疗乳晕部瘘管 32 例体会 [J]．现代中西医结合杂志，2005，14（11）：1470 – 1471（证据分级：Ⅴ，MINORS 条目评价：5 分）

[33] 祝东升，赵立娜，张董晓，等．中西医结合法治疗浆细胞性乳腺炎 153 例 [J]．中国临床医生杂志，2007，35（6）：36 – 37．（证据分级：Ⅴ，MINORS 条目评价：5 分）

[34] 赵立娜，祝东升，王志坚，等．中医药分期治疗浆细胞性乳腺炎 159 例 [J]．中华实用中西医杂志，2007，20（19）：1696 – 1697．（证据分级：Ⅴ，MINORS 条目评价：5 分）

[35] 钟少文，王一安，江慧玲，等．中西医结合治疗难治性浆细胞性乳腺炎 54 例 [J]．中国中医基础医学杂志，2007；13（8）：608，611（证据分级：Ⅴ MINORS 条目评价：5 分）

[36] 祝东升，赵立娜，王志坚，等，浆细胞性乳腺炎伴窦道、漏管或脓肿的外科治疗 [J]．中华实用中西医杂志，2007，20（24）：2124 – 2125．（证据分级：Ⅴ，MINORS 条目评价：5 分）

［37］周毅，胡纲，刘锦平，等．浆细胞性乳腺炎手术 84 例报告［J］．华西医学，2007，22（3）：500－501.（证据分级：V，MINORS 条目评价：5 分）

［38］曾灵峰，张彤，石伟元．高频超声结合超声引导下粗针穿刺活检诊断浆细胞性乳腺炎的价值，湘南学院学报（医学版）［J］.2007，9（3）：39－40.（证据分级：V，MINORS 条目评价：5 分）

［39］郭荣荣，薛改琴，杨立，等．47 例浆细胞性乳腺炎的超声特点及临床表现分析［J］．山西医科大学学报，2005，36（4）：483－485.（证据分级：V，MINORS 条目评价：5 分）

［40］王嵩，马海峰，王夕富，等．浆细胞性乳腺炎的多层螺旋 CT 诊断［J］．中西医结合学报，2005，3（3）：199－202.（证据分级：V，MINORS 条目评价：5 分）

［41］唐汉钧，阙华发，陈红风，等．切开拖线祛腐生肌法治疗浆细胞性乳腺炎 148 例［J］．中医杂志，2000，43（2）：99－100.（证据分级：V，MINORS 条目评价：5 分）

［42］张宇，钟晓捷，汤鹏．肉芽肿性乳腺炎 46 例临床诊治分析［J］．中华普通外科学文献（电子版），2014，8（1）：40－42.（证据分级：V，MINORS 条目评价：5 分）

［43］蒋宏传，王克有，李杰，等．乳管镜下浆细胞性乳管炎的分型及临床研究［J］．中华外科杂志，2004，42（3）：163－165.（证据分级：V，MINORS 条目评价：5 分）

［44］毛慧丽，刘咏梅，周晓琦，等．浆细胞性乳腺炎的超声与病理对照分析［J］．中国实验诊断学，2007，11（5）：694－695.（证据分级：V，MINORS 条目评价：5 分）

［45］林雪平，严蕊琳，马时荣，等．浆细胞性乳腺炎 52 例临床病理分析［J］．右江医学，2002，30（2）：120－121.（证据分级：V，MINORS 条目评价：5 分）

［46］吴雪卿，万华，何佩佩，等．浆乳方结合中医外治法治疗浆细胞性乳腺炎 55 例临床观察［J］．中医杂志，2010，51（8）：704－706.（证据分级：V，MINORS 条目评价：5 分）

［47］丁志明．中医清创术配合中药内服外敷治疗浆细胞性乳腺炎 56 例［J］．中国中西医结合外科杂志，2014，20（4）：431－432.（证据分级：V，MINORS 条目评价：4 分）

［48］顾沐恩，冯佳梅，陈玮黎，等．清化痰湿方合中医外治法治疗粉刺性乳痈 30 例［J］．上海中医药大学学报，2013，27（2）：51－53.（证据分级：V，MINORS 条目评价：4 分）

［49］程亦勤，唐汉钧．切开加拖线和垫棉法相结合治疗 30 例粉刺性乳痈的临床分析［J］．中医外治杂志，2005，14（1）：16－17.（证据分级：V，MINORS 条目评价：4 分）

［50］程亦勤，陈红风，刘胜，等.149 例浆细胞性乳腺炎的中医药治疗及临床病情分析［J］．浙江中医杂志，2005（3）：114－116.（证据分级：V，MINORS 条目评价：4 分）

［51］楼丽华．温阳散结法治疗浆细胞性乳腺炎［J］．浙江中医学院学报，1996，30（5）：24.（证据分级：V，MINORS 条目评价：4 分）

［52］周忠介．浆细胞性乳腺炎治验 98 例［J］．辽宁中医杂志，1995，22（10）：456－457.（证据分级：V，MINORS 条目评价：4 分）

［53］程亦勤，陈红风，刘胜，等．中医药治疗浆细胞性乳腺炎脓肿及瘘管期 149 例［J］．辽宁中医杂志，2005，32（6）：507－508.（证据分级：V，MINORS 条目评价：4 分）

［54］赵红梅，雷玉涛，侯宽永，等．乳腺导管扩张症与浆细胞性乳腺炎差异的探讨［J］．中国现代普通外科进展，2005，8（4）：234－236.（证据分级：V，MINORS 条目评价：4 分）

［55］宋希林，左文述，孙敏，等，浆细胞性乳腺炎 273 例临床分析［J］．医师进修杂志，1996，19

（9）：21 −22.（证据分级：Ⅴ，MINORS 条目评价：3 分）

[56] 阙华发，唐汉钧. 内外合治浆细胞性乳腺炎 109 例临床研究总结 [J]. 上海中医药杂志，1997
（12）：35 −37.（证据分级：Ⅴ，MINORS 条目评价：3 分）

[57] 陈红风，唐汉钧，陆德铭. 中医药治疗浆细胞性乳腺炎四十五年回顾 [J]. 上海中医药大学学
报，2004，18（1）59 −61.（证据分级：Ⅴ，MINORS 条目评价：3 分）

[58] 孙小慧，刘胜. 清消法在粉刺性乳痈中的应用体会 [J]. 中医杂志，2011，52（24）：2144 −
2145.（证据分级：Ⅴ，MINORS 条目评价：2 分）

[59] 关若丹，司徒红林，林毅. 林毅教授首创提脓祛腐综合疗法巧治肉芽肿性乳腺炎 [J]. 辽宁中
医药大学学报，2013，15（1）：159 −162.（证据分级：Ⅴ，MINORS 条目评价：2 分）

[60] 周健，程亦勤. 浆细胞性乳腺炎的中医治疗经验点滴 [J]. 环球中医药，2013，6（5）：346 −
348.（证据分级：Ⅴ，MINORS 条目评价：2 分）

[61] 程亦勤. 唐汉钧治疗粉刺性乳痈经验 [J]. 山东中医杂志，2005，24（7）：437 −439.（证据
分级：Ⅴ，MINORS 条目评价：2 分）

[62] 赵慧朵. 卞卫和治疗浆细胞性乳腺炎经验 [J]. 山东中医药大学学报，2007，31（6）：477 −
478.（证据分级：Ⅴ，MINORS 条目评价：2 分）

ICS 11.120
C 05

团 体 标 准

T/CACM 1199—2019
代替 ZYYXH/T202—2012

中医外科临床诊疗指南
乳 核

Clinical guidelines for diagnosis and treatment of surgery in TCM
Fibroadenoma of breast

2019-01-30 发布

2020-01-01 实施

中华中医药学会 发布

前　言

本指南按照 GB/T 1.1—2009 给出的规则起草。

本指南代替了 ZYYXH/T 202—2012 中医外科临床诊疗指南·乳核，与 ZYYXH/T 202—2012 相比，主要技术变化如下：

——修改了乳核的定义（见 2，2012 年版的 2）；

——修改了临床表现（见 3.1，2012 年版的 3.1.1）；

——修改了影像学检查（见 3.2.1，2012 年版的 3.1.2.1）；

——修改了治疗（见 5，2012 年版的 5）；

——删除了针灸与推拿疗法（见 2012 年版的 5.5 和 5.6）；

——增加了预防与调护（见 6）；

——增加了参考文献。

本指南由中华中医药学会提出并归口。

本指南主要起草单位：江苏省中医院。

本指南参加起草单位：北京中医药大学第三附属医院、天津中医药大学第一附属医院、江苏省中西医结合医院、无锡市中医医院、南通市中医院、江苏大学附属医院、连云港市中医院、昆山市中医院、江阴市中医院。

本指南主要起草人：卞卫和、李琳、许岩磊、裴晓华、王军、李明宏、夏成勇、张卫东、龚旭初、邱榕、孟庆叶、蒋立新、顾建伟。

本指南于 2012 年 7 月首次发布，2019 年 1 月第一次修订。

引　言

　　乳核是临床常见病，中医药治疗对不宜手术的乳核有显著的疗效。2012 年发布的《中医外科临床诊疗指南·乳核》对本病的中医临床诊疗发挥了重要作用。但经临床实践发现，该指南尚存在一些问题，如定义不够全面，诊断、临床表现的更新，以及影像检查的顺序不甚合理，欠缺预防与调护等。基于以上原因，对该指南进行补充、修订、更新，使之更适应临床变化，更具有普遍指导价值，以期更科学、更规范、更严格、更实用。

　　本次修订基于循证医学证据的收集、现代文献的评价、国内中医专家经验的搜集和整理，并进行统计分析，参照德尔菲法进行专家调查问卷，将循证证据和专家共识进行结合。同时开展了临床一致性评价及方法学质量评价，避免了指南在实施过程中由于地域差异造成的影响，最大程度保证指南的科学性、实用性及规范性，以便本版指南的推广实施。

　　修订后的指南对乳核的定义进行了补充，使之更全面；对临床表现、影像检查内容进行了修改，使之更适应临床选用；增加了预防与调护；并补充了相关参考文献。

　　本指南及相关内容专利归属于江苏省中医院卞卫和。

中医外科临床诊疗指南 乳核

1 范围

本指南规定了乳核的诊断、辨证、治疗及预防与调护。

本指南适用于乳核的诊断和治疗。

2 术语和定义

下列术语和定义适用于本指南。

2.1

乳核 Fibroadenoma of breast

乳核是发生在乳房部最常见的良性肿瘤。其临床特点是：好发于青年妇女，乳中结核，形如丸卵，边界清楚，表面光滑，推之活动。相当于西医的"乳腺纤维腺瘤"。

3 诊断

3.1 临床表现

多见于18～30岁女性。肿块常单发，也可多发，在单侧或双侧乳房内同时或先后出现。形状呈圆形或椭圆形，直径大多在0.5～5cm之间，边界清楚，表面光滑，质地坚实，按之有硬橡皮球之弹性，活动度大，触诊常有滑脱感。肿块一般无疼痛，少数可有轻微胀痛，但与月经无关。一般生长缓慢，少数患者妊娠期可迅速增大，应排除恶变可能。

3.2 检查

3.2.1 影像学检查

3.2.1.1 超声检查

青年女性推荐。检查无损伤性，可用于超声引导下乳腺肿物穿刺活检术以协助诊断。表现为乳腺组织内出现圆形或椭圆形低回声区，边界清楚，包膜完整、光滑，内部回声分布均匀，有时可伴钙化强光团，后方伴声影。

3.2.1.2 乳腺钼靶X线检查

40岁以上患者或有乳腺癌家族史患者推荐。显示病变部位边缘整齐的圆形或椭圆形致密肿块影，密度均匀，边界清楚，四周可见透亮带，偶见规整粗大的钙化点。

3.2.2 病理学检查

肿瘤切面呈灰白色或淡粉色，质韧有弹性，有完整的包膜，略呈结节状，与周围组织界限清楚，切面边缘稍外翻。本病的病理分型有向管型（管内型）纤维腺瘤、围管型（管周型）纤维腺瘤、混合型纤维腺瘤、囊性增生型纤维腺瘤、分叶型纤维腺瘤（巨型纤维腺瘤）。其分型与临床表现无明显相关性。

3.3 鉴别诊断

3.3.1 乳岩

乳岩是指发生在乳房部的恶性肿瘤。好发于40～60岁的妇女。肿块质坚硬，边界不清，表面不光滑，推之不移，按之不痛，或与皮肤有粘连。晚期乳房肿块色暗紫高突，溃后疮口边缘不整，中央凹陷似岩穴，有时外翻似菜花，时有血水渗出。病灶周围可出现散在小结节，状如堆粟。患侧腋下淋巴结肿大。

3.3.2 乳癖

好发于中年女性。月经前乳房胀痛明显，经后疼痛减轻。肿块多发生在双侧，少数单侧。肿块质地韧，边界不清，形态呈片块状、结节状不一，大小不等，肿块和皮肤不粘连。部分乳癖患者可伴有乳头溢液，常为双侧多孔溢液，量少，以乳汁样、水性或浆液性为多。

4 辨证

4.2.1 肝郁气滞证

乳房肿块较小，发展缓慢，无红热，不疼痛，推之可移；伴胸闷叹息或月经不调。舌质淡红，舌苔薄白，脉弦。

4.2.2 痰凝血瘀证

乳房肿块较大，坚实木硬，重坠不适；伴胸胁牵痛，烦闷急躁，或月经不调、痛经等。舌质暗红，舌苔薄腻，脉弦细或弦滑。

5 治疗

5.1 治疗原则

中医治疗原则：对多发或复发性纤维腺瘤及术后患者可试用中药治疗，以化痰散结为法则。

西医治疗原则：手术切除。

5.2 分证论治

5.2.1 肝郁气滞证

治法：疏肝解郁，化痰散结。（推荐等级：C）

主方：逍遥散（《太平惠民和剂局方》）加减。

组成：柴胡、当归、白芍、白术、茯苓、生姜、薄荷、炙甘草。

加减：口干口苦，心烦易怒者，加夏枯草、栀子；伴痛经者，加蒲黄、五灵脂；少寐眠差者，加夜交藤、合欢皮。

5.2.2 痰凝血瘀证

治法：理气活血，化痰散结。（推荐等级：C）

主方：桃红四物汤（《太平惠民和剂局方》）合二陈汤（《太平惠民和剂局方》）加减。

组成：桃仁、红花、熟地黄、川芎、白芍、当归、半夏、橘红、茯苓、生姜、乌梅、甘草。

加减：胸闷、咳痰者，加瓜蒌皮、橘叶、桔梗；食少纳呆者，加神曲、山楂。

5.3 中成药

平消胶囊，口服，一次4~8粒，一日3次。功能活血化瘀、散结消肿、解毒止痛。适用于乳腺良、恶性病变。（推荐等级：C）

乳核散结片，口服，一次4片，一日3次。功能疏肝活血、祛痰软坚。适用于乳腺囊性增生病、乳痛症、乳腺纤维腺瘤。（推荐等级：C）

5.4 外治法

阳和解凝膏掺黑退消或桂麝散敷贴于乳核所在位置投影体表处，外用药过敏者忌用。（推荐等级：C）

6 预防与调护

保持心情舒畅，避免忧虑恼怒。文胸佩戴不宜过紧，以免乳房受压。多发性乳核患者术后可服中药调治，减少复发。未手术者要定期检查，及时发现病情变化。建议自查，自查一般于月经后7~10天为宜。饮食忌食辛辣油腻之品。

参 考 文 献

［1］李薇晗．中药加情志疏导对肝郁型乳癖治疗的随机对照研究［D］．广州：广州中医药大学，2012．

［2］赵海军，狄文燕，杨战雄，等．桂枝茯苓胶囊预防多发乳腺纤维瘤术后复发的临床观察［J］．河北医药，2014（8）：1196－1198．

［3］李洪燕，许辉丽，狄文燕，等．桂枝茯苓胶囊对多发乳腺纤维瘤患者性激素的影响［J］．河北中医药学报，2014（2）：30－32．

［4］敖亚红．自拟乳癖消汤治疗乳癖100例［J］．江西中医药，2011（3）：35－36．

［5］谢生科，周晓东．小金丸、独一味联合乳癖消干预乳腺纤维瘤样增生138例临床观察［J］．现代养生，2014（4）：36－37．

［6］徐慧馨．段富津教授治疗乳癖的经验研究［D］．哈尔滨：黑龙江中医药大学，2013．

［7］刘美华．超声检查在桂枝茯苓胶囊治疗乳腺纤维瘤中的应用［J］．国医论坛，2005（3）：30．

［8］郑显明．复方三甲汤治疗乳腺瘤［J］．云南中医杂志，1993（5）：42－43．

［9］代兴斌，张晓清．归脾汤治疗乳腺疾病验案4则［J］．新中医，2008（4）：92－94．

［10］卢海燕．乳结散外敷治疗乳癖42例疗效观察［J］．临床合理用药杂志，2009（14）：39－40．

［11］张长富．乳舒胶囊治疗乳腺纤维瘤117例［J］．陕西中医，2001（9）：522．

［12］曾艺文，贝国珠，周志云，等．中草药治疗乳腺纤维瘤临床观察［J］．当代医学，2010（26）：159－160．

［13］陈富，王宗辰．白酒浸泡远志治疗乳腺纤维瘤（乳癖）20例临床治愈报告［J］．中医药学报，1977（1）：50－51．

［14］贺晓慧，贾孟辉．乳酥贴治疗乳腺纤维瘤样增生298例［J］．陕西中医，2004（8）：702．

［15］谭燕红．散结饮治疗甲状腺腺瘤并乳腺纤维瘤的临床体会［J］．实用医学杂志，1993（4）：43－44．

［16］龚时霞，赵波．攻坚散结汤治疗乳腺纤维瘤样增生150例［J］．陕西中医，2002（9）：781－782．

［17］张董晓．乳腺疾病验案3则［J］．河南中医，2004（8）：62．

［18］吴迪．乳腺纤维瘤术后复发的中医药防治状况［J］．中国药物与临床，2015（1）：66－67．

ICS 11.120
C 05

团 体 标 准

T/CACM 1202—2019

中医外科临床诊疗指南
下肢慢性溃疡

Clinical guidelines for diagnosis and treatment of surgery in TCM
Chronic leg ulcer

2019-01-30 发布　　　　　　　　　　　　　　2020-01-01 实施

中华中医药学会 发布

前　言

本指南按照 GB/T 1.1—2009 给出的规则起草。

本指南由中华中医药学会提出并归口。

本指南主要起草单位：江苏省中医院。

本指南参加起草单位：北京中医药大学第三附属医院、天津中医药大学第一附属医院、江苏省中西医结合医院、无锡市中医医院、南通市中医院、江苏大学附属医院、连云港市中医院、昆山市中医院、江阴市中医院等参加起草。

本指南主要起草人：姚昶、夏成勇、李琳、许岩磊、裴晓华、王军、李明宏、张卫东、龚旭初、邱榕、孟庆叶、蒋立新、顾建伟。

引　言

　　下肢慢性溃疡为临床常见病、难治病，目前临床缺少该疾病系统诊治指南。本指南包括该疾病的定义、诊断、临床表现、治疗、调护等多方面，特别是最具中医外科特色的外治法方面，基于循证医学证据的收集、现代文献的评价，将循证证据和专家共识相结合，形成一部科学、规范、全面的下肢慢性溃疡临床诊疗指南，供中医外科医生、全科医生、急诊医生及其他相关科室医生参考使用。主要目的是推荐有循证医学证据的下肢慢性溃疡的中医药诊断与治疗方法，指导临床医生、护理人员规范使用中医药进行实践活动，指导中医药工作者临床实践与管理，提升对该疾病的认识。

　　中医外科临床实践指南·下肢慢性溃疡（制订）项目于2014年12月由国家中医药管理局立项，江苏省中医院承担。按照国中医药法监法标便函〔2015〕3号《关于印发2015年中医临床诊疗指南和治未病标准制修订项目工作方案的通知》要求，中华中医药学会组织成立了中医外科临床指南专家指导组。2015年2月底成立下肢慢性溃疡（制订）项目工作组。本指南采用专家共识法制定，主要内容包括下肢慢性溃疡的名称、范围、术语和定义、诊断、辨证、治疗，以及预防与调护。根据文献检索结果予以相应的推荐级别，并附以参考文献和说明。

　　本工作组成员包括传统医学专家、医学统计学人员、循证医学专家等，通过多次会晤，对符合循证医学证据的文献进行探讨，同时进行了多轮专家问卷调查、专家论证会、同行征求意见、临床评价（方法学质量评价、临床一致性评价）等工作，并在项目工作组多次系统分析研究的基础上，按照中医临床诊疗指南编写规则，完成了起草撰写等各阶段工作，形成终稿，顺利完成本次制订工作。

　　本指南及相关内容专利归属于江苏省中医院姚昶。

中医外科临床诊疗指南 下肢慢性溃疡

1 范围

本指南给出了下肢慢性溃疡的诊断、辨证、治疗、预防与调护建议。

本指南适用于下肢慢性溃疡人群的诊断和防治。本指南不适用于下肢癌性溃疡与结核性溃疡的诊断和防治。

2 术语和定义

下列术语和定义适用于本指南。

2.1

下肢慢性溃疡 Chronic leg ulcer

下肢慢性溃疡主要是指静脉性溃疡，因下肢静脉性疾病引起的血液瘀积而致病，主要包括原发性下肢深、浅静脉瓣膜功能不全、深浅交通支静脉瓣膜功能不全、下肢深静脉血栓形成后综合征等。

本病属中医学"臁疮""裙边疮""老烂腿"等范畴。

3 诊断

3.1 病史

一为下肢静脉性疾病，主要包括原发性下肢深、浅静脉瓣膜疾病与下肢深静脉血栓综合征；二为下肢缺血性疾病，主要包括下肢动脉供血不足、血栓闭塞性脉管炎等。亦可两类疾病相互夹杂，同时并见。

3.2 临床表现

3.2.1 症状

下肢慢性溃疡多发生于小腿下 1/3 的内侧或外侧，以内侧较为多见，且多伴有周围组织肿胀、色素沉着等。局部初起常先痒后痛，色红，糜烂，迅速转为锯齿样溃疡。溃疡大小不等，呈发白或暗红色，表面或附有黄色脓苔，脓水秽臭难闻。病久溃疡边缘变厚高起，四周皮色黯黑，漫肿或伴有湿疹。溃疡深度可在皮下组织，或深至骨膜外层，甚至骨质被破坏。收口后易反复发作。如溃疡创面呈缸口样经久不愈，则可能癌变。

3.2.2 体征

记录双下肢溃疡面的外观、范围、创面面积、深度、温度、分泌物颜色、气味，以及肉芽的状况、疼痛等级；患肢有无浮肿、溃疡及窦道等。

3.3 检查

3.3.1 实验室检查

溃疡创面分泌物细菌学培养及药物敏感试验和耐药试验，为必要时选用合适的抗生素提供依据。

血常规检查，血糖、肾功能检查。重症病例可予及时末梢血糖、血生化检查、血气分析、心肌酶等监测。

3.3.2 辅助检查

需进行静脉造影、多普勒（Doppler）肢体血流图、下肢静脉功能试验，包括深静脉通畅试验（Perthes 试验）、大隐静脉瓣膜功能试验（Brodie – Trendelenburg 试验）、交通静脉瓣膜功能试验（Pratt 试验）等，心电图，胸部 X 线或 CT 检查，有神经系统相关症状者给予脑脊液、头颅磁共振或 CT 检查。

3.4 创面局部诊断（推荐级别：A）

创面面积测定采用电子照相法。

——创面深度记录为皮层部分、皮层全层、肌层、骨；

——坏死组织记录为疏松、致密腐肉与焦痂；

——坏死组织量记录覆盖创面百分比；

——渗出物形质记录为黏稠、稠厚、清稀；色泽记录为鲜明、黄白、黄浊、秽浊/绿黑；气味记录为淡腥、臭秽、恶臭；性状记录为血清样、浆液样、混浊样、脓液样；

——肉芽颜色记录为红活、紫暗/暗红、色淡/苍白；覆盖面积记录百分比；

——创周皮肤温度记录为正常、微热、热、较热、灼热；

——创面分泌物培养。

3.5 鉴别诊断

需与糖尿病性溃疡、压迫性溃疡、结核性溃疡、癌性溃疡、放射性溃疡鉴别。

3.6 中医诊断

主症：局部溃疡、糜烂、痒痛。

次症：脓水浸淫、秽臭难闻、足胫浮肿。

舌脉：舌质淡或淡紫，舌苔黄腻、白腻。脉象多细涩无力或细数。

4 辨证

4.1 气虚血瘀证

主症：病程日久难愈或反复发作，皮肤破损、渗液，脓水清稀，创面苍白，肉芽色淡，周围皮肤色褐粗糙，局部瘙痒不适，色黑、板硬。

次症：肢体沉重，倦怠乏力。

舌脉：舌淡紫或有瘀斑，苔白，脉弦涩或细涩无力。

4.2 湿热瘀阻证

主症：小腿青筋怒张或伴肿胀，局部发痒，红肿，疼痛，继则破溃，创面腐暗，脓水浸淫、秽臭难闻，创周滋水糜烂。

次症：口渴，便秘，小便黄赤。

舌脉：舌苔黄腻，脉滑数。

4.3 脾虚湿盛证

主症：病程日久，疮面色暗或上附脓苔，创周滋水糜烂，皮肤色褐粗糙，局部瘙痒不适。

次症：患肢浮肿，食纳欠佳，腹胀便溏，面色少华。

舌脉：舌淡苔腻，脉沉无力。

5 治疗

5.1 治疗原则

下肢慢性溃疡治疗以促进伤口愈合、减少复发为目的，在辨病辨证的个体化治疗同时，重视提高患者生活质量。中医药对下肢慢性溃疡的干预采取内治、外治相结合的综合治疗方法。以补气健脾，活血生新，清热利湿，托脓生肌等治疗为主。

5.2 分证论治

5.2.1 气虚血瘀证

治法：益气活血，祛瘀生新。

方药一：补阳还五汤（《医林改错》）。（推荐级别：C）

组成：黄芪、赤芍、川芎、当归、地龙、桃仁、红花等。

方药二：补中益气汤（《内外伤辨惑论》）。（推荐级别：C）

组成：黄芪、人参、白术、炙甘草、当归身、升麻、柴胡、橘皮等，随证加减。每日1剂，分2～3次服用。

方药三：益气活血汤。（推荐级别：C）

组成：党参、炒白术、枸杞子、蒲黄、赤芍、白芍、丹参、黄芪、山药、三棱、莪术、蒲公英等。

用法：随证加减。每日1剂，分2~3次服用。

5.2.2 湿热瘀阻证

方药一：三妙丸（《医学正传》）加减。（推荐级别：B）

组成：黄柏、苍术、川牛膝等。

方药二：萆薢渗湿汤（《疡科心得集·补遗》）。（推荐级别：C）

组成：萆薢、薏苡仁、黄柏、赤茯苓、丹皮、泽泻、滑石、通草等。

方药三：四妙勇安汤（《验方新编》）。（推荐级别：B）

组成：金银花、玄参、当归、甘草等。

用法：随证加减。每日1剂，分2~3次服用。

5.2.3 脾虚湿盛证

治法：健脾利湿，清热解毒。

主方：参苓白术散（《太平惠民和剂局方》）合三妙丸（《医学正传》）加减。（推荐级别：C）

组成：参苓白术散：白扁豆、白术、茯苓、甘草、桔梗、莲子、人参、砂仁、山药、薏苡仁。三妙丸：黄柏、苍术、川牛膝。

5.3 中成药

通心络胶囊，口服，一次2~4粒，一日3次。用于治疗下肢静脉曲张并血栓性静脉炎，减少下肢慢性溃疡复发。（推荐级别：C）

三妙丸，口服。一次6~9g，一日2~3次。用于治疗下肢慢性溃疡湿热瘀阻证。（推荐级别：B）

5.4 外治法

5.4.1 清创术

适用于脓腐组织多而难以脱落者，在创面感染控制、坏死组织与健康组织分界线清楚的基础上进行。

操作方法：常规消毒创周皮肤，将腐肉（坏死组织）及不健康的肉芽组织逐一剪除，以创面及创缘新鲜或出血，无明显疼痛为度，并尽量保护筋膜及肌腱组织。（推荐等级：A）

清创药物：在祛腐阶段，局部创面均匀撒上一薄层具有提脓祛腐作用的九一丹，每天1次，至创面脓腐脱尽为止。（推荐等级：A）

5.4.2 生肌类中药创面外敷

适用于创面清洁，肉芽红润。

以镊子在肉芽创面上自皮缘向内放射状轻刮数次去除伪膜，或棉球同法轻拭创面后，应用生肌玉红膏（推荐等级：A）、复方溃疡宁（推荐等级：A）、生肌散（推荐等级：A）、湿润烧伤膏（推荐等级：B）、复方黄柏液涂剂（推荐等级：C）、拔毒愈疡灵膏（推荐等级：B）、自制黄麻纱条（推荐等级：B）等平铺，覆盖全部创面，药剂外用方法按各药物说明书，覆盖的范围以超过创面边缘0.5~1cm为宜，无菌敷料外固定。

5.4.3 缠缚疗法

缠缚疗法是中医治疗下肢慢性溃疡的传统疗法，目的同于西医治疗的压迫治疗。

操作方法：用阔绷带缠缚下肢及患处。自溃疡面下缘3cm处开始，采用叠瓦法（后一层绷带与前一层绷带的边缘重叠1~2cm，以此类推，操作手法类似叠瓦片）封盖局部，直到溃疡面上缘3cm处为止，用橡皮胶固定。（推荐等级：B）

5.4.4 中药熏洗

常规揭除敷料，用干棉球拭净创面周围脓污；中药煎液，待温（水温40℃左右）后用药液蒸气熏蒸患部，患处与药液保持 25～30cm 的距离，以能耐受为度。祛腐阶段，用清热利湿解毒中药煎剂芩矾汤熏洗；生肌阶段，用益气活血生肌中药清营方煎剂（由蒲公英、蛇床子、七叶一枝花、黄连、紫草、血竭等组成）熏洗。每日 1 次，每次 30 分钟。（推荐等级：B）

5.4.5 中药溻渍

使用 8 层纱布浸湿中药煎剂，以不滴水为度贴敷患处。祛腐阶段，可用复方虎杖敛疮液清热利湿解毒；生肌阶段，可用益气活血生肌中药煎剂。（推荐等级：A）

6 预防与调护

6.1 预防

下肢慢性溃疡的发病、复发、加重与众多因素有关，调护也应该从情志、饮食、起居、患肢康复、创面护理等方面入手，尽早消除下肢慢性溃疡的危险因素。另外，可应用弹力袜和静脉腔内热消融术。

弹力袜的使用：早上起床前，平躺于床上，将腿抬高过心脏，15 分钟后再穿着；要将弹性袜整个外翻，脚趾先套入，再慢慢上卷。注意穿着平顺、均匀，位置正确。确认无误后再拉至腰部。每天脱袜后需抬高上肢数分钟，再下床走动。

6.2 调护

湿热瘀阻型患者饮食宜清淡，忌烟酒、辛辣及肥甘厚腻之品，可食用冬瓜汤、薏米粥，多食赤小豆等健脾利湿；气虚血瘀型患者饮食以补气养血为主，可食用红枣、桂圆、枸杞子、胡萝卜、黑豆，饮用党参乌鸡汤等。对于患肢的护理，应当抬高患肢，减少走动。病情严重者应绝对卧床休息，抬高患肢 20～30cm，以稍高于心脏为度，从而减轻水肿，减少渗出，这是创面愈合的前提条件和必要措施。创口愈合后，宜常用绷带缠缚保护，以避免外来损伤，引起复发。

参 考 文 献

[1] 中华中医药学会. 下肢慢性溃疡中医循证临床实践指南 [J]. 中国中西医结合外科杂志, 2015, 21 (5): 543-545.

[2] Sankar Sinha, Sadhishaan Sreedharan. 标准·方案·指南——全科医疗对下肢静脉溃疡的管理指南 [J]. 中国全科医学, 2014 (33): 3903-3905.

[3] 张纪蔚. 下肢静脉性溃疡的临床诊断和鉴别 [J]. 中国中西医结合外科杂志, 2008, 14 (6): 523-525.

[4] 魏庆, 任伟业, 张晶, 等. 胶原海绵在慢性下肢溃疡中应用临床疗效观察 [J]. 安徽医药, 2012, 16 (7): 949-951. (证据分级: Ⅱ, Jadad 量表评分: 3 分)

[5] 林裕华, 邱德亮, 孙红, 等. 贝复剂与维斯克用于下肢静脉性慢性溃疡的效果比较 [J]. 中华现代护理杂志, 2011, 17 (11): 1330-1332. (证据分级: Ⅱ, Jadad 量表评分: 3 分)

[6] 杨乾坤, 钟惠梅, 钟方毅, 等. 外用重组人表皮生长因子治疗慢性溃疡的效果观察 [J]. 中南药学, 2006, 4 (5): 388-389. (证据分级: Ⅱ, Jadad 量表评分: 3 分)

[7] 尹恒, 应语, 姚昶, 等. 生肌玉红膏治疗下肢慢性溃疡祛腐生肌疗效的临床研究 [J]. 南京中医药大学学报, 2013, 29 (2): 121-124. (证据分级: Ⅰ, Jadad 量表评分: 5 分)

[8] 魏庆, 姚昶, 尹恒等. 生肌玉红膏外敷治疗下肢慢性溃疡临床观察 [J]. 山东医药, 2012, 52 (47): 31-33. (证据分级: Ⅰ, Jadad 量表评分: 5 分)

[9] 魏庆, 姚昶. 生肌玉红膏抑制下肢慢性溃疡创面微生物生长而促进愈合的临床多中心随机双盲对照研究 [J]. 临床皮肤科杂志, 2013, 42 (8): 497-500. (证据分级: Ⅰ, Jadad 量表评分: 5 分)

[10] 王江涛, 张晓清, 姚昶, 等. 生肌玉红膏促进下肢慢性溃疡肉芽生长 257 例的临床多中心对照研究 [J]. 中国医药指南, 2012 (34): 1-3. (证据分级: Ⅰ, Jadad 量表评分: 5 分)

[11] 王雅杰, 阙华发. 下肢慢性皮肤溃疡辨证分型标准的临床研究 [J]. 中西医结合学报, 2009, 7 (12): 1139-1144.

[12] 郑勇. 唐汉钧教授辨证治疗臁疮规律拾萃 [J]. 中医药学刊, 2005, 3 (23): 404-406. (证据分级: Ⅳ)

[13] 王兴. 补阳还五汤加减治疗下肢慢性溃疡 12 例 [J]. 新中医, 2006, 11 (38): 71-72. (证据分级: Ⅲa)

[14] 蒋理靖. 益气活血汤联合人胎盘组织液治疗静脉曲张性下肢慢性溃疡 35 例 [J]. 河南中医, 2014, 34 (7): 1298-1299. (证据分级: Ⅱ, Jadad 量表评分: 3 分)

[15] 石岳, 白祯祥, 孟小英. 辨证治疗臁疮 108 例 [J]. 山西中医学院报, 2005, 3 (6): 19-20.

[16] 赵超英, 马勤. 萆薢渗湿汤加减治疗臁疮 46 例疗效观察 [J]. 河北医学, 1999, 10 (5): 73-74.

[17] 张玉杰. 湿润烧伤膏与中药内服治疗下肢静脉瘀血性溃疡疗效观察 [J]. 中国烧伤创疡杂志, 2004, 16 (4): 312-314. (证据分级: Ⅱ, Jadad 量表评分: 3 分)

[18] 戴文静, 陶茂灿, 曹毅, 等. 下肢溃疡诊疗新进展 [J]. 浙江临床医学, 2012, 14 (2): 229-231. (证据分级: Ⅲ)

[19] 杨小霞，殷培良．加味四妙勇安汤内服外洗治疗臁疮 ［J］．浙江中医杂志，2008，43（5）：298．（证据分级：Ⅲ）

[20] 马菊芬．四妙勇安汤临床新用 ［J］．河北中医，2008，30（9）：939 – 940（证据分级：Ⅲ）

[21] 龚德顺．下肢溃疡的中医疗法研究进展 ［J］．中外医疗，2011，30（19）：79 – 79．（证据分级：Ⅲ）

[22] 黄小强，邓小鹏，章少华，等．通心络胶囊治疗下肢静脉曲张并血栓性静脉炎的临床分析 ［J］．中国医药指南，2013（7）：629 – 630．（证据分级：Ⅲ）

[23] 王云飞，阙华发，徐杰男，等．"祛腐化瘀补虚生肌外治法治疗慢性下肢溃疡的临床示范性研究"的研究方案 ［J］．中西医结合学报，2012，10（2）：166 – 175．（证据分级：Ⅰ，Jadad 量表评分：4 分）

[24] 陆姿赢，王丽翔，焦晶，等．紫朱软膏外用治疗下肢慢性皮肤溃疡 72 例临床疗效观察 ［J］．浙江中医药大学学报，2015（4）：289 – 291．（证据分级：Ⅱ，Jadad 量表评分：3 分）

[25] 熊墨年，彭旦明，袁庆文，等．复方溃疡宁纱条治疗下肢慢性溃疡的临床观察 ［J］．西部中医药，2012，25（3）：1 – 3．（证据分级：Ⅰ，Jadad 量表评分：3 分）

[26] 张子东．拔毒愈疡灵膏治疗糖尿病合并下肢慢性溃疡 53 例临床观察 ［J］．河北中医，2011，33（1）：35 – 36．（证据分级：Ⅱ，Jadad 量表评分：3 分）

[27] 胡丽莉．自制黄麻纱条治疗下肢慢性溃疡的效果观察 ［J］．护理学杂志，2007，22（12）：51 – 52．（证据分级：Ⅱ，Jadad 量表评分：3 分）

[28] 陈东．湿润烧伤膏加丹参治疗下肢皮肤慢性溃疡 60 例疗效分析 ［J］．甘肃中医，2006，19（12）：13 – 14．（证据分级：Ⅱ，Jadad 量表评分：3 分）

[29] 赵锋钧，张学勇．复方黄柏液治疗下肢慢性溃疡 30 例疗效观察 ［J］．云南中医中药杂志，2014，35（7）：56．（证据分级：Ⅲ）

[30] 李鑫，吕延伟．中医外治法治疗慢性下肢溃疡 24 例疗效观察 ［J］．吉林中医药，2012，32（12）：1252 – 1253．（证据分级：Ⅲ）

[31] 朱麟天，刘锐，崔书克，等．中药内服外洗配合缠缚疗法治愈臁疮体会 ［J］．黑龙江中医药，2014，43（2）：36 – 37．（证据分级：Ⅲ）

[32] 薛海燕．缠缚法在臁疮治疗中的应用与护理 ［J］．甘肃中医，2005，18（6）：42 – 43．（证据分级：Ⅲ）

[33] 阙华发，徐杰男，张臻，等．顾氏外科诊治慢性下肢溃疡学术思想及临证经验 ［J］．中医杂志，2014，55（18）：1601 – 1604（证据分级：Ⅳ）

[34] 张宇，王小平，粟文娟等．清营方中药熏洗结合疮面缠缚治疗臁疮疗效观察 ［J］．现代中西医结合杂志．2012，21（1）：6 – 8．（证据分级：Ⅲ）

[35] 宋玉琳，王玉林，石焕芝．芩矾汤洗剂外敷治疗臁疮临床观察 ［J］．北京中医药大学学报．2007，14（3）：17 – 18．（证据分级：Ⅲ）

[36] 李鑫，吕延伟．中医外治法治疗慢性下肢溃疡 24 例疗效观察 ［J］．吉林中医药，2012，32（12）：1252 – 1253．（证据分级：Ⅲ）

[37] 毛雪飞，李智，白靖，等．复方虎杖敛疮液治疗慢性下肢溃疡的疗效观察 ［J］．陕西中医，2015（9）：1183 – 1184．（证据分级：Ⅱ，Jadad 量表评分：3 分）

［38］ Nelson EA, Bell – Syer SE. Compression for preventing recurrence of venous ulcers ［J］. Cochrane Database Syst Rev. 2014, 9: CD002303.

［39］ Mauck KF, Asi N, Elraiyah TA, et al. Comparative systematic review and meta – analysis of compression modalities for the promotion of venous ulcer healing and reducing ulcer recurrence ［J］. J Vasc Surg. 2014, 60 （2 Suppl）: 71S – 90S.

［40］ Mauck KF, Asi N, Elraiyah TA, et al. Comparative systematic review and meta – analysis of compression modalities for the promotion of venous ulcer healing and reducing ulcer recurrence. J Vasc Surg. 2014 Aug; 60 （2 Suppl）: 71S – 90S.

［41］ Shingler S, Robertson L, Boghossian S, et al. Compression stockings for the initial treatment of varicose veins in patients without venous ulceration ［J］. Cochrane Database Syst Rev. 2013, 12: CD008819.

［42］ Samuel N, Carradice D, Wallace T, et al. Endovenous thermal ablation for healing venous ulcers and preventing recurrence ［J］. Cochrane Database Syst Rev. 2013, 10: CD009494.

［43］ Boersma D, Kornmann VN, van Eekeren RR, et al. Treatment Modalities for Small Saphenous Vein Insufficiency: Systematic Review and Meta – analysis. J Endovasc Ther. 2016, 23 （1）: 199 – 211.

ICS 11.120
C 05

团　体　标　准

T/CACM 1205—2019

中医外科临床诊疗指南
阳　　痿

Clinical guidelines for diagnosis and treatment of surgery in TCM
Impotence disease

2019-01-30 发布

2020-01-01 实施

中 华 中 医 药 学 会 发布

前　言

本指南按照 GB/T 1.1—2009 给出的规则起草。

本指南由中华中医药学会提出并归口。

本指南主要起草单位：浙江中医药大学附属第二医院。

本指南参加起草单位：北京中医药大学附属东直门医院、中国中医研究院西苑医院、辽宁省大连大学附属中山医院、东南大学附属中大医院、上海中医药大学附属龙华医院、江西省中医院、湖南中医药大学附属第一医院、温州市中西医结合医院、广州中医药大学附属第一医院、青海省中医院、温岭中医院。

本指南主要起草人：李曰庆、吕伯东、郭军、毕焕洲、金保方、陈磊、王万春、周青、谢作刚、周少虎、张鹏、陈小敏、黄晓军、张杰、钱乐、陈刚、赵剑锋。

引　言

阳痿是外科常见病，中医药对该病的治疗有着悠久的历史和丰富的经验。1994 年，国家中医药管理局发布的 ZY/T001.1—94 中医病证诊断疗效标准对阳痿进行了规范。此后，相关专业团体及学者围绕阳痿编写了不同版本的诊疗方案、专家共识等，这些工作对阳痿的中医临床诊疗起到重要推动作用。但由此看出，目前对阳痿病因、病机及辨证分型的观点较为纷杂。为规范阳痿的中医诊断和治疗，由国家中医药管理局牵头，中华中医药学会组织，组建了中医临床诊疗指南制修订专家总指导组和指南编写组。本次指南制修订的指导思想是按照 GB/T 1.1—2009 标准化工作导则　第 1 部分：标准的结构和编写起草，特别强调应遵照循证医学原则，这也是本指南与以往阳痿中医诊疗方案或专家共识的最大区别。

本次制定工作组成员包括中医药学专家、医学统计学人员、循证医学专家等，通过多次会晤，对符合循证医学证据的文献进行评价，对尚无循证医学证据支持的诊疗内容达成专家共识，在此基础上引入中医文献推荐等级，使之更适应临床变化，更具有普遍指导价值。本指南初稿形成后，参照德尔菲法进行了专家调查问卷，将循证证据和专家共识进行结合。同时，开展了临床一致性评价及方法学质量评价，避免了指南在实施过程中由于地域差异造成的影响，最大程度上保证指南的科学性、实用性及规范性，以便本版指南的推广实施。

本指南主要针对成年男性阳痿，提供以中医药为主要内容的诊断、辨证、治疗、预防和调护，供中医内外科医生、全科医生及其他相关科室医生参考使用。

中医外科临床诊疗指南 阳痿

1 范围

本指南给出了阳痿的术语定义、诊断、辨证、治疗、预防与调摄建议。

本指南适用于成年男性阳痿的诊断和治疗。

2 术语和定义

下列术语和定义适用于本指南。

2.1

阳痿 Impotence disease

阳痿，是指成年男子性交时，由于阴茎痿软不举，或举而不坚，或坚而不久，无法进行正常性生活的病证，病程在3个月以上。

阳痿命名最早载于《五十二病方》，《黄帝内经》又称为"阴痿""宗筋弛纵""筋痿"等。明代周之干首次以"阳痿"命名该病。

3 诊断

3.1 病史

阳痿的诊断主要根据患者的主诉，因此获得客观而准确的病史是该病诊断的关键。应设法消除患者的羞涩、尴尬和难以启齿的心理状态，鼓励患者配偶参与阳痿的诊断。问诊包括发病与病程、婚姻及性生活史，生活、工作特点，精神、心理、社会家庭因素，既往内外科病史，手术及创伤史，服药情况和不良嗜好等。本病常有房劳过度，手淫频繁，久病体弱，或有消渴、惊悸、郁证等病史。

3.2 临床表现

阳痿表现为成年男子性交时，阴茎痿软不举，或举而不坚，或坚而不久，无法进行正常性生活。

3.3 检查

3.3.1 体格检查

对每位阳痿患者需进行全面体格检查，包括舌苔脉象、第二性征发育、外周血管检查、生殖系统检查、局部神经感觉等；既往3~6个月如患者未行血压及心律检查，应该测血压及心律；其目的在于发现与阳痿有关的神经系统、内分泌系统、心血管系统及生殖器官的缺陷及异常。

3.3.2 实验室检查

实验室检查应根据患者其他主诉及危险因素进行个体安排，包括血、尿常规，前列腺液常规，血糖、血脂及肝、肾功能。考虑内分泌性阳痿患者应进行内分泌检查，项目包括性激素、糖耐量检测、甲状腺功能测定、肾上腺功能测定等。

3.3.3 IIEF-5评估

采用国际勃起功能指数-5（IIEF-5）表等评估病情，初步判断阳痿的程度、类型、病因等。

3.3.4 特殊检查

包括夜间阴茎勃起试验（NPT）、视听刺激下阴茎硬度测定、阴茎海绵体注射血管活性药物试验（ICI）、阴茎海绵体彩色多普勒超声检查（CDU）、神经诱发电位、阴茎海绵体造影、阴部内动脉造影、勃起功能障碍的神经检查等。其他如神经系统检查，包括心率控制试验、交感皮肤反应（SSR）、海绵体肌电图（cc-EMG）和球海绵体肌反射潜伏时间（BCR）、肌电图、脑电图等。

3.4 鉴别诊断

3.4.1 早泄

阳痿是指欲性交时阴茎不能勃起，或举而不坚，或坚而不久，不能进行正常性生活的病证，而早泄是同房时，阴茎能勃起，但因过早射精，射精后阴茎痿软的病证。二者在临床表现上有差别，但在病因病机上有相同之处。若早泄日久不愈，可进一步导致阳痿。

4 辨证

4.1 辨证要点

因本病有虚有实，亦有虚实夹杂者，故首先当辨虚实。标实者需区别气滞、湿热、瘀血；本虚者应辨气血阴阳虚损之差别，病变脏器之不同，区别心脾虚、肾阳虚、肾阴虚；虚实夹杂者，先别虚损之脏器，后辨夹杂之病邪。

4.2 辨证分型

4.2.1 肝气郁结证

主症：阳事痿弱，精神抑郁。

次症：喜猜疑，紧张焦虑，性欲淡漠，失眠多梦，善叹息，两胁胀闷或疼痛不适，舌淡或红黯，苔薄，脉弦或弦细。

4.2.2 湿热下注证

主症：勃起不坚，或不能持久。

次症：阴囊潮湿、瘙痒，或臊臭坠胀，口苦咽干，尿黄便滞，脘闷食少，腰骶胀痛，下肢酸困，舌红，苔黄腻，脉滑数或弦数。

4.2.3 瘀血阻滞证

主症：勃起不坚，或不能勃起。

次症：会阴部，或阴囊，或下腹部，或耻骨上区，或腰骶及肛周坠胀疼痛，舌质黯或有瘀点、瘀斑，脉弦或涩。

4.2.4 心脾两虚证

主症：阳事痿弱，性欲淡漠。

次症：神疲乏力，面色萎黄，食少便溏，心悸少寐，多梦健忘，舌淡，苔少，边有齿痕，脉细弱。

4.2.5 肾阳虚衰证

主症：性欲低下，阳事痿弱。

次症：腰膝酸软，畏寒肢冷，精神萎靡，阴部冷湿，精冷滑泄，舌淡，苔白，脉沉细或尺弱。

4.2.6 肾阴亏虚证

主症：欲念频萌，阳事易举却不坚或不久。

次症：口干咽热，失眠健忘，五心烦热，遗精，头晕耳鸣，腰膝酸软，形体消瘦，舌质淡红，苔少薄黄，脉细或沉细数。

5 治疗

5.1 治疗原则

——阳痿的理想治疗：采用安全、有效、简便及经济的治疗方法，达到全面康复。即达到和维持坚挺的勃起硬度，并恢复满意的性生活。

——临床应用中医药治疗阳痿一定要掌握适应证，主要适合各种功能性及轻中度阳痿。治疗阳痿前应明确其基础疾病、诱发因素、危险因素及潜在的病因，应对患者进行全面的医学检查，尤其应该区分心理性阳痿、药物因素或者不良生活方式引起的阳痿。

——心理治疗适用于各种病因所致阳痿，并应贯穿于治疗的整个过程。心理治疗应对患者夫妇同时进行或分别进行。

——阳痿的治疗不仅涉及患者本人，也关系患者伴侣，因此既要和患者本人单独沟通，也要与患者及其性伴侣共同交流。治疗应该基于患者及其伴侣的预期、性生活满意度、总体健康满意度。告知可选择的治疗方法、有效性和风险，是否有创伤。

5.2 分证论治

5.2.1 肝气郁结证

治法：疏肝理气。

主方：柴胡疏肝散（《医宗金鉴》）加减（证据级别：Ⅲ级，推荐级别：D，专家共识）、逍遥散（《太平惠民和剂局方》）加减（证据级别：Ⅴ级，推荐级别：E）。

常用药：柴胡、当归、白芍、白术、茯苓、炙甘草、生姜、薄荷、枳壳、陈皮、川芎、香附。

加减：见口干口苦，急躁易怒，目赤尿黄，此为气郁化火，可加丹皮、栀子、龙胆草以泻肝火；若气滞日久，兼有血瘀之证，可加丹参、赤芍药以活血化瘀。

中成药：疏肝益阳胶囊（证据级别：Ⅰ级，推荐级别：B）、逍遥丸（证据级别：Ⅴ级，推荐级别：E）。

5.2.2 湿热下注证

治法：清热利湿。

主方：龙胆泻肝汤（《医方集解》）加减（证据级别：Ⅲ级，推荐级别：D）。

常用药：龙胆草、栀子、黄芩、柴胡、泽泻、车前子、当归、生地黄、甘草。

加减：阴部瘙痒，潮湿重者，可加地肤子、苦参、蛇床子以燥湿止痒；若湿盛，困遏脾肾阳气者，可用右归丸合平胃散；若湿热久恋，灼伤肾阴，阴虚火旺者，可合用知柏地黄丸以滋阴降火。

中成药：龙胆泻肝丸（证据级别：Ⅴ级，推荐级别：E）。

5.2.3 瘀血阻滞证

治法：活血化瘀。

主方：少腹逐瘀汤（《医林改错》）加减（证据级别：Ⅱ级，推荐级别：C）。

常用药：小茴香、干姜、延胡索、没药、当归、川芎、官桂、蒲黄、五灵脂、赤芍。

加减：疼痛重者加金铃子、蜈蚣；烦躁易怒者，瘀久化热，加知母、黄柏。

中成药：血府逐瘀丸（证据级别：Ⅳ级，推荐级别：E）。

5.2.4 心脾两虚证

治法：补益心脾。

主方：归脾汤（《正体类要》）加减（证据级别：Ⅴ级，推荐级别：E）。

常用药：人参、白术、当归、茯苓、黄芪、龙眼肉、远志、炒酸枣仁、木香、炙甘草。

加减：夜寐不酣，可加夜交藤、合欢皮、柏子仁养心安神；若胸脘胀满，泛恶纳呆，属痰湿内盛者，加用半夏、川朴、竹茹以燥湿化痰。

中成药：归脾丸（证据级别：Ⅴ级，推荐级别：E）。

5.2.5 肾阳亏虚证

治法：温补肾阳。

主方：右归丸（《景岳全书》）加减（证据级别：Ⅱ级，推荐级别：C）。

常用药：熟地、当归、枸杞子、杜仲、山药、鹿角胶、制附子、肉桂、山茱萸、菟丝子。

加减：阳虚重者，加淫羊藿、阳起石；气虚重者加人参、黄芪。

中成药：右归丸（证据级别：Ⅱ级，推荐级别：C）、金匮肾气丸（证据级别：Ⅳ级，推荐级别：E）。

5.2.6 肾阴亏虚证

治法：滋阴补肾。

主方：六味地黄丸（《小儿药证直诀》）加减（证据级别：Ⅲ级，推荐级别：D）、二地鳖甲煎（《男科纲目》）（证据级别：Ⅱ级，推荐级别：C）。

常用药：熟地黄、山药、山茱萸、茯苓、牡丹皮、泽泻、生地、沙苑子、枸杞子、巴戟天、生鳖甲（先煎）、牡蛎（先煎）、白芷、桑寄生。

加减：心烦不寐，夜卧不安，梦遗、小便短黄之阴虚火旺者加知母、黄柏；健忘、耳鸣重者加黄精、龟板以填精补髓。

中成药：左归丸（证据级别：Ⅳ级，推荐级别：E）、六味地黄丸（证据级别：Ⅴ级，推荐级别：E）。

5.2.7 其他证型

除上证外，临床还可见惊恐伤肾证、痰湿阻滞证、肾精不足证等。此外，各个证型之间常常相互兼夹，如肝郁血瘀、肾虚血瘀、痰瘀互结、肝肾亏损等，需根据证型辨证用药。

5.3 其他疗法

中医外治法中针刺（证据级别：Ⅳ级，推荐级别：E）、腧穴热敏灸疗法、推拿（证据级别：Ⅱ级，推荐级别：C）、中药外敷（证据级别：Ⅴ级，推荐级别：E）等对阳痿有一定疗效，可根据适应证、患者的意愿以及医生的经验选择应用。其他如内分泌治疗、假体植入等可供选择，参考西医相关诊疗指南。

5.4 基础治疗

建议患者改变不良生活方式应在治疗阳痿前或同时进行，特别是有心血管病或代谢性疾病（如糖尿病、高血压等）的患者。基础治疗包括生活方式的调整、控制基础疾病、心理疏导、性生活指导、行为治疗。

6 预防和调摄

——节制性欲，切忌恣情纵欲，房事过频，手淫过度，宜清心寡欲，摒除杂念，怡情养心。

——发现和治疗可纠正的病因，控制阳痿相关危险因素最为重要，改善生活习惯，戒烟、运动、减肥，不应过食醇酒肥甘。

——积极治疗易造成阳痿的原发病，如动脉粥样硬化、高血压、糖尿病、甲状腺功能亢进、皮质醇增多症等，阳痿的预防与心血管疾病的防治是统一及互利的。

——情绪低落，焦虑惊恐是阳痿的重要诱因。精神抑郁是阳痿患者难以治愈的主要因素。因此调畅情志，怡悦心情，防止精神紧张是预防及调护的重要环节。

参 考 文 献

[1] 王晓峰，朱积川，邓春华．中国男科疾病诊断治疗指南［M］．北京：人民卫生出版社．2013．

[2] 周仲瑛．中医内科学［M］．北京：中国中医药出版社，2003．

[3] 郭应禄，胡礼泉．男科学［M］．北京：人民卫生出版社．2004．

[4] 樊千，薛建国．阳痿中医分型证候标准量化研究［J］．江苏中医药，2010，42（10）：28－29．（证据级别：Ⅲ）

[5] 毕焕洲，赵永厚．阳痿中医诊治的循证医学研究［J］．中国性科学，2013，22（1）：47－51．（证据级别：Ⅲ）

[6] 国家中医药管理局．中华人民共和国中医药行业标准·中医病证诊断疗效标准［M］．北京：中国医药科技出版社，2012．

[7] 贾金铭．中国中西医结合男科学［M］．北京：中国医药科技出版社，2005：148－157．

[8] 国家中医药管理局医政司．24个专业104个病种中医诊疗方案［S］．2012：202－206．

[9] 林强，胡玉莲，厉岩．从肝论治阳痿［J］．中华中医药杂志，2007（11）：785－786．（证据级别：Ⅴ）

[10] 王勇．从肝郁论治中青年阳痿［J］．北京中医，2006（2）：86－87．（证据级别：Ⅴ）

[11] 刘清尧，张新荣，韩亮，李海松．阳痿从肝肾同源论治探讨［J］．中国性科学，2015（2）：68－70．（证据级别：Ⅴ）

[12] 赵虎，吴燕敏，魏睦新．逍遥散加味治疗男子性功能障碍48例［J］．江西中医药，2012（9）：49－50．（证据级别：Ⅴ）

[13] 陈开红．逍遥散加味治疗阳痿32例疗效观察［J］．浙江中医药大学学报，2009（6）：840．（证据级别：Ⅴ）

[14] 王琦，杨吉相，李国信，等．疏肝益阳胶囊治疗勃起功能障碍多中心随机对照试验［J］．北京中医药大学学报，2004，27（4）：72－75．（证据级别：Ⅰ，Jadad评分：5分）

[15] 王希兰，孙自学．补肾清热利湿法治疗功能性阳痿76例临床观察［J］．河南中医，2004，24（9）：44－45．（证据级别：Ⅲ，Jadad评分：1分）

[16] 张鹏．阳痿从湿热下注论治36例［J］．中医园地，1998（4）：260．（证据级别：Ⅴ）

[17] 傅陆．龙胆泻肝汤加减治疗阳痿86例［J］．国医论坛．2003，18（1）：27－28．（证据级别：Ⅴ）

[18] 秦国政．中医男科学［M］．北京：中国中医药出版社．2013．

[19] 魏建红，张志忠，古剑．少腹逐瘀汤加味治疗糖尿病阳痿40例［J］．浙江中医杂志，2011，46（5）：346．（证据级别：Ⅴ）

[20] 温泉盛，陈代忠．少腹逐瘀汤加减治疗前列腺痛所致阳痿52例［J］．浙江中医杂志，2005，40（12）：526．（证据级别：Ⅴ）

[21] 常宝忠，姜国红，宋日新．血府逐瘀胶囊治疗血瘀型勃起功能障碍的探讨［J］．成药研究，2004，23（6）：380－381．（证据级别：Ⅳ）

[22] 张二峰，张振卿．血府逐淤口服液治疗功能性阳痿68例［J］．实用中医药杂志，2005，21（9）：528－529．（证据级别：Ⅴ）

[23] 高军,李淑玲.中医药治疗阳萎临床研究进展 [J].河北中医,2007,29(2):171-174.
（证据级别:Ⅳ）

[24] 王欣,王慧,金玉忠.勃起功能障碍的中医药治疗近况 [J].现代中西医结合杂志,2012,21
(18):2050-2052.（证据级别:Ⅳ）

[25] 朱锦祥.右归丸加味治疗阴茎勃起功能障碍30例 [J].福建中医药,2005,36(3):43.（证
据级别:Ⅱ）

[26] 毕研蒙,秦国政.秦国政教授治疗阳痿的学术思想及临床经验总结 [D].昆明:云南中医学
院,2013.（证据级别:Ⅴ）

[27] 黄健,徐福松.二地鳖甲煎治疗勃起功能障碍肾阴虚证临床观察 [J].中华男科学杂志,
2012,18(12):1143-1146.（证据级别:Ⅱ,Jadad评分:1分）

[28] 陈华.育阴起萎汤治疗肾阴虚型勃起功能障碍35例 [J].福建中医药,2012,43(4):8-
10.（证据级别:Ⅱ,Jadad评分:1分）

[29] 禹思明,林鸣.二地鳖甲煎配合他达拉非治疗阴虚火旺型男性勃起功能障碍57例 [J].陕西
中医,2013,34(3):322-323.（证据级别:Ⅱ,Jadad评分:1分）

[30] 王佳,吴佳霓,刘志顺.针灸治疗功能性阳痿诊疗特点的文献分析 [J].世界中医药,2014,
9(12):1655-1658.（证据级别:Ⅴ）

[31] 邹如政.针灸治疗阳痿临床研究进展 [J].中医药信息,1997(5):39-41.（证据级别:Ⅴ）

[32] 陈树人.耳穴贴压法治疗阳萎13例 [J].浙江中医药,1988(12):539.

[33] 陈日新,陈明人,康明非.执敏灸实用读本 [M].北京:人民卫生出版社,2009.

[35] 陈日新,康明非.腧穴热敏化艾灸新疗法 [M].北京:人民卫生出版社,2006.

[36] 孙风崎.温肾壮阳推拿法治疗命门火衰型阳痿的临床观察 [D].济南:山东中医药大学,
2009.（证据级别:Ⅱ,Jadad评分:1分）

[37] 丁建,陈秀玲,宋景贵.中药外用治疗勃起功能障碍概述 [J].山东中医杂志,2007,26
(10):723-725.（证据级别:Ⅴ）

[38] 陈洁生.中药外敷治疗阳萎38例 [J].中医外治杂志,2002,11(6):22.（证据级别:Ⅴ）

ICS 11.120
C 05

团 体 标 准

T/CACM 1206—2019
代替 ZYYXH/T196—2012

中医外科临床诊疗指南
石　　淋

Clinical guidelines for diagnosis and treatment of surgery in TCM
Stone gonorrhea

2019-01-30 发布
2020-01-01 实施

中华中医药学会 发布

前言

本指南按照 GB/T 1.1—2009 给出的规则起草。

本指南代替了 ZYYXH/T 196—2012 中医外科常见病诊疗指南·尿石症，与 ZYYXH/T 196—2012 相比，主要技术变化如下：

——增加了影像学检查内容（见 3.2.1）；

——增加了实验室检查内容（见 3.2.2）；

——修改了辨证（见 4.3、4.4，2012 年版的 4）；

——增加了药物排石的适应证（见 5.1）；

——修改了分证论治（见 5.2，2012 年版的 5.2）；

——增加预防与调摄（见 6）。

本指南由中华中医药学会提出并归口。

本指南主要起草单位：浙江中医药大学附属第二医院。

本指南参加起草单位：广东省中医院、中国中医科学院广安门医院、浙江中医药大学附属一院、中国中医科学院西苑医院、郑州大学附属第二医院、云南省中医医院、嘉兴中医医院、新昌县中医院。

本指南主要起草人：吕伯东、王树声、卢传新、刘树硕、高瞻、许长宝、张春和、沈瑞林、梁慧、胡青。

本指南于 2012 年 7 月首次发布，2019 年 1 月第一次修订。

引　言

　　石淋是外科常见疾病，中医药对该病的治疗有着悠久的历史和丰富的经验。2012 年发布的 ZYYXH/T196—2012 中医外科临床诊疗指南·尿石症对本病中医临床诊疗发挥了重要作用。但经临床实践发现，该指南尚存在一些问题，如中医古籍并无尿石症这一病名记载，尿石症的病名并不准确，缺少中医药治疗的适应证，辨证、分证论治、中医外治法不够详细，欠缺预防与调护措施等。基于以上原因，对本指南进行补充、修订、更新尤为重要。本次修订依据临床研究等最新进展和技术方法，基于循证医学证据，结合专家共识，使之更适应临床变化，更具有普遍指导价值，以期更科学、更规范、更严格、更实用。

　　本指南的修订基于循证医学证据的收集、现代文献的评价、国内中医专家经验的搜集和整理，按照指南相关内容进行统计分析，参照德尔菲法进行专家调查问卷，将循证证据和专家共识进行结合。同时，此次修订工作开展了临床一致性评价及方法学质量评价，避免了指南在实施过程中由于地域差异造成的影响，最大程度上保证指南的科学性、实用性及规范性，以便本版指南的推广实施。

　　修订后的指南对石淋的诊断方法进行了补充，使之更全面；修改了辨证的内容，使之更适应临床；增加了中医药使用的适应证；增加了预防与调摄，并补充了相关参考文献。

中医外科临床诊疗指南　石淋

1　范围

本指南规定了石淋的术语、定义、诊断、辨证、治疗、预防与调摄。

本指南适用于石淋的诊断和治疗。

2　术语和定义

下列术语和定义适用于本指南。

2.1

石淋 Stone gonorrhea

石淋，又名砂淋、沙石淋。临床表现以腰痛、腹痛、尿血为主要特点。相当于西医的泌尿系结石。

石淋多好发于青壮年，

3　诊断

3.1　临床表现

3.1.1　症状

腰腹绞痛、血尿、或伴有尿频、尿急、尿痛等泌尿系统梗阻和感染的症状。

3.1.2　体征

肾区多有明显叩痛，同侧下腹部可有压痛。少数患者可无明显阳性体征。

3.2　检查

3.2.1　影像学检查

——B 超；（推荐级别：B 级）

——尿路平片（KUB）；（推荐级别：B 级）

——静脉尿路造影（IVU）；（推荐级别：A 级）

——非增强 CT 扫描（Non – contrast CT，NCCT）或者 CTKUB（Unenhanced CT of the kidneys, ureters and bladder）；（推荐）

——CT 增强 + 三维重建（CTU）；（可选择）

——逆行或经皮肾穿刺造影；（可选择）

——磁共振水成像（MRU）；（可选择）

——放射性核素。（可选择）

3.2.2　实验室检查

——常规检查应包括血液分析、尿液分析和结石分析。

——复杂性肾结石患者（指结石反复复发、有或无肾内残石和特别的危险因素的患者）可选择进一步尿液分析，如 24 小时尿钙、草酸、枸橼酸、镁、磷酸、尿素等检查。

3.3　鉴别诊断

3.3.1　阑尾炎

以转移性右下腹痛为主症，麦氏点压痛，可有反跳痛或肌紧张。经腹平片和 B 超检查即可鉴别。

3.3.2　胆囊结石

表现为右上腹疼痛且牵引背部疼痛，疼痛不向下腹及会阴部放射，墨菲征阳性。经腹部 X 线平片、B 超及血、尿常规检查，两者不难鉴别。

3.3.3 肾结核

临床表现以膀胱刺激症状为主，X线表现出典型的结核图像，即可确立肾结核的诊断。平片可见肾外形增大或呈分叶状，尿液结核杆菌、结核菌素试验有助于本病的鉴别。

4 辨证（证据级别：Ⅳ级，推荐级别：E级）

4.1 湿热蕴结证

腰痛或小腹痛，或尿流突然中断，尿频，尿急，尿痛，小便浑赤，或为血尿，口干欲饮。舌质红，舌苔黄腻，脉弦数。

4.2 气滞血瘀证

发病急骤，腰腹胀痛或绞痛，疼痛向外阴部放射，尿频，尿急，尿痛，小便黄或赤。舌质暗红或有瘀斑，脉弦或弦数。

4.3 肾气不足证

结石日久，留滞不去，腰部胀痛，时发时止，遇劳加重，疲乏无力，尿少或频数不爽，或面部轻度浮肿。舌质淡，苔薄白，脉细无力。

4.4 肾阴亏虚证

腰腹隐痛，便干尿少，头晕目眩，耳鸣，心烦咽燥，腰膝酸软。舌质红，舌苔少，脉细数。

5 治疗

5.1 药物排石

——结石横径小于1cm，其中以小于0.6cm为适宜。

——结石表面光滑。

——结石以下尿路无梗阻。

——结石未引起尿路完全梗阻，停留于局部少于2周。

——适用于特殊成分的结石，如尿酸结石和胱氨酸结石推荐采用排石疗法。

——可作为经皮肾镜、输尿管镜碎石及ESWL术后的辅助治疗。

一般来说，单纯药物排石的疗程以1~2个月为宜，可每半月复查一次B超。超过3个月结石不移动或虽有移动但仍不能通过生理狭窄则不宜长时间保守治疗。治疗过程中注意有无合并感染，有无双侧梗阻或孤立肾梗阻造成的少尿，如果出现这些情况需要积极的外科治疗，以尽快解除梗阻。

5.2 分证论治

5.2.1 湿热蕴结证

5.2.1.1 治法

清热泻火，利水通淋。

5.2.1.2 推荐方药

方药一：八正散（《太平惠民和剂局方》）。（证据级别：Ⅰ级，推荐级别：B级）

组成：瞿麦、车前子、萹蓄、滑石、栀子、大黄、甘草、通草。

随症加减：若大便秘结，腹胀者，可重用大黄，再加莱菔子；阴虚者加生地、石斛、白茅根；气滞血瘀，加穿山甲、莪术；气虚明显者加黄芪、党参；若肾阳虚明显者加附子、肉桂；若腹痛明显者加延胡索、川楝子；若腰痛明显者加川断、桑寄生、狗脊；若镜检白细胞、脓细胞为主加白花蛇草、败酱草、连翘；若尿常规检查有血尿者加地榆炭、茜草、小蓟。

方药二：三金排石汤（现代经验方）。（证据级别：Ⅰ级，推荐级别：B级）

组成：海金沙、鸡内金、金钱草、石韦、冬葵子、滑石、车前子、黄柏、川牛膝、甘草梢。

随症加减：伴尿路感染着加蒲公英、金银花；血尿者加白茅根、三七粉、仙鹤草；肾积水明显者加鹿角霜、肉桂、泽泻；腰酸痛明显者加桑寄生、杜仲、断续、枸杞子；体质壮实而结石横径较大者加白芷、炒皂角刺、穿山甲；尿路狭窄者加入土鳖虫、穿山甲；腰腹痛剧烈者加入延胡索、五灵脂、炒小茴香、广木香；体质虚弱者加当归、熟地黄；久病结石滞、脉络不通者可加三棱、莪术。

5.2.1.3 推荐中成药

复方金钱草颗粒，一次 1~2 袋，一日 3 次，开水冲服。（证据级别：Ⅰ级，推荐级别：A 级）

结石通片，一次 5 片，一日 3 次，口服。（证据级别：Ⅰ级，推荐级别：B 级）

石淋通片，一次 5 片，一日 3 次，口服。（证据级别：Ⅰ级，推荐级别：A 级）

5.2.2 气滞血瘀证

5.2.2.1 治法

理气活血，通淋排石。

5.2.2.2 推荐方药

方药一：金铃子散（《素问病机气宜保命集》）合石韦散（《普济方》）加减。（证据级别：Ⅰ级，推荐级别：B 级）

组成：川楝子、延胡索、赤芍、白术、滑石、冬葵子、瞿麦、石韦、川木通、王不留行、当归、炙甘草。

随症加减：腰腹绞痛者加用莪术；尿血明显者加用大小蓟、仙鹤草、白茅根；大便秘结者加用芒硝、大黄；肾阴虚者加用枸杞子、石斛；脾胃虚弱者加用白术、党参、茯苓。

方药二：少腹逐瘀汤（《医林改错》）。（证据级别：Ⅲ级，推荐级别：D 级，古代文献的专家共识）

组成：小茴香、干姜、延胡索、没药、当归、川芎、官桂、赤芍、蒲黄、五灵脂。

5.2.2.3 推荐中成药

尿石通丸，每次 4g，一日 2 次。（证据级别：Ⅰ级，推荐级别：A 级）

5.2.3 肾阴亏虚证

5.2.3.1 治法

滋阴补肾，通淋排石。

5.2.3.2 推荐方药

方药：六味地黄汤（《小儿药证直诀》）加减。（证据级别：Ⅲ级，推荐级别：D 级，依据古代文献的专家共识）

组成：熟地黄、酒萸肉、牡丹皮、山药、茯苓、泽泻、金钱草、海金沙。

随症加减：脉弦且易起急，给予川楝子以疏肝理气止痛。舌尖偏红者，加栀子清心经热、赤芍凉血利湿止痛，佐以陈皮理气止痛兼助诸药行，加知母、黄柏以滋阴降火。

5.2.4 肾气不足证

5.2.4.1 治法

补肾益气，通淋排石。

5.2.4.2 推荐方药

方药一：济生肾气汤（《济生方》）加减。（证据级别：Ⅲ级，推荐级别：D 级，依据古代文献的专家共识）

组成：熟地黄、山茱萸、牡丹皮、山药、茯苓、泽泻、肉桂、附子、川牛膝、车前子。

随症加减：可酌加黄芪、金钱草、海金沙、鸡内金、丹参、穿山甲等。

方药二：金匮肾气丸（《金匮要略》）。（证据级别：Ⅲ级，推荐级别：D 级，依据古代文献的专家共识）

常用药物：熟地黄、山药、茯苓、五味子、肉桂、泽泻、附子、牡丹皮、金钱草、海金沙。

随症加减：同前。

5.3 单味中药

治疗石淋的单味中药有金钱草、海金沙、车前子、石韦、枳壳、厚朴、鸡内金、玉米须、胡桃仁等。其中金钱草的溶石排石效果较肯定，具有清热利尿，使尿液变成酸性而促进结石溶解的作用。

5.4 针灸疗法

取肾俞、膀胱俞、三阴交、关元。疼痛剧烈者加足三里、京门。强刺激，每日2次，每次留针20～30分钟。

5.5 其他疗法

5.5.1 体外冲击波碎石术

利用冲击波聚焦后击碎体内结石，并使其随尿液排出体外。

5.5.2 物理振动排石

采用纯物理的振动疗法，治疗过程无任何物质介入人体，依据振动及体位改变可促进结石排出的原理，促进结石的排出。

5.5.3 总攻疗法

在一定时间内，集中采用若干中西医治疗措施，使其先后或同时按预定要求发挥作用，以增加尿流，促进输尿管蠕动。通过强烈利尿的冲洗作用，增强输尿管蠕动波幅，降低输尿管平滑肌的紧张性、结石的惯性和重力作用，消除输尿管炎症、水肿等病理状态而达到排石目的。

5.5.4 外科手术

经皮肾镜取石或碎石术、输尿管镜取石或碎石术、开放手术（肾盂切开取石术、肾实质切开取石术、肾部分切除术、肾切除术、输尿管切开取石术、耻骨上膀胱切开取石术）等。

6 预防与调摄

6.1 饮食

——多饮水。每日水的摄入量应维持在使尿液排出量不少于2100mL，昼夜均匀。

——适当的钙摄入。饮食钙的摄入量与年龄相关性结石的发病率呈负相关，推荐高钙饮食而非服用钙剂来预防结石，每天需补充钙1000mg左右。

——纤维素的摄入。纤维素的摄入与尿结石的发病率呈负相关，食用纤维素是有益的，但要注意的是纤维素食物中草酸的含量也偏高。

——限制草酸的摄入

——减少动物蛋白质的摄入。

——限制盐和糖的摄入。

6.2 药物

噻嗪类药物、正磷酸盐、磷酸纤维素、枸橼酸盐、镁、别嘌呤醇、维生素、鱼油等对预防结石的复发都有相应作用，但须建立在遵循临床医嘱和严格控制饮食的基础。

6.3 中医药

中药在结石的预防上有着较大的优势，中药能积极改善肾功能，增加输尿管蠕动、降低输尿管张力，控制尿路感染，消除输尿管局部水肿的作用。中药利尿通淋的作用能有效降低尿石盐的过饱和度，降低肾内钙和草酸的含量，抑制草酸钙晶体生长与聚集，防止肾内微小结石的形成，并能够抑制双J管与尿中蛋白发生化学反应，或者控制输尿管黏膜局部炎症，防止坏死细胞脱落，使其丧失石核心，从而起到预防双J管附壁结石形成的作用。将中药制成茶包，根据辨证分型给予相应证型的茶包每日泡水饮用，证实可有效预防结石形成。（证据级别：I级，推荐级别：B级）

6.4 其他预防措施

——积极防治原发疾病，如甲状旁腺机能亢进、胱氨酸尿、皮质醇症、慢性消化道疾病、痛风等。

——根据体质类型对尿石症患者进行体质调护，有益于预防结石对形成与复发。（证据级别：Ⅲ级，推荐级别：D级）

——根据结石成分分析，个性化指导预防对降低尿石的复发具有重要的临床意义。建立结石患者防治管理平台，通过"客户终端→管理平台→常规饮食控制→指标观察→建立个体化标准化饮食模式→疗效评估"的模型，以个体化饮食健康处方的形式控制患者的饮食，并利用客户与管理平台互反馈系统适时调整饮食干预方案，达到个体化标准化的饮食模式。通过饮食管理软件及饮食管理平台，能有效控制患者饮食习惯，但仍需临床多中心研究证实。

参 考 文 献

[1] 中医药学名词审定委员会．中医药学名词［M］．北京：科学出版社，2005．

[4] 陈红风．中医外科学［M］．北京：人民卫生出版社，2012．

[5] 那彦群，叶章群，孙颖，等．中国泌尿外科疾病诊断治疗指南手册（2014 版）［M］．北京：人民卫生出版社，2014．

[6] 林季伟．中医如何分型治疗肾结石［J］．求医问药，2010（11）：8 – 9．

[7] 杨小清．石淋的辨证施治［J］．蒙古中医药，2010（5）：38 – 39．

[8] 程淑娟．石淋的中医辨治体会［J］．中国中医急症，2002（6）：503 – 504．

[9] 崔宇晨．泌尿系结石的中医辨证治疗［A］．中国中西医结合学会肾脏病专业委员会．第四届国际中西医结合肾脏病学术会议论文汇编［C］．中国中西医结合学会肾脏病专业委员会，2006．

[10] 邓显胜．八正散加减治疗泌尿系结石 86 例临床疗效观察［J］．中医中药，2012，50（25）：116 – 118．（证据级别：Ⅰ级，Jadad 评分：1 分）

[11] 郑显锋．加味八正散治疗尿路结石的临床观察［J］．河北医学，2012，18（7）：1021 – 1023．（证据级别：Ⅱ级，Jadad 评分：1 分）

[12] 庞然．加味八正散治疗经皮肾镜取石术后残留尿路结石的疗效观察［J］．现代医药卫生，2014，30（8）：1240 – 1241．（证据级别：Ⅲ级，Minors 评分：15 分）

[13] 王浩强，刘国敏，秦韶东，等．自拟三金排石汤治疗输尿管结石 280 例疗效分析［J］．中国医药科学，2013，3（8）：103 – 104．（证据级别：Ⅲ级，Minors 评分：16 分）

[14] 蔡德贵．多组中药治疗尿路结石疗效比较［J］．中医中药，2012，9（15）：405 – 406．（证据级别：Ⅰ级，Jadad 评分：2 分）

[15] 甘星，许远斌，马治平，等．复方金钱草颗粒治疗急性输尿管结石临床研究［J］．河南中医，2015，35（10）：2539 – 2541．（证据级别：Ⅰ级，Jadad 评分：1 分）

[16] 苟刚，王燕，汪丽君．体外冲击波碎石术联合复方金钱草颗粒治疗输尿管结石疗效观察［J］．按摩与康复医学，2014，5（3）：115 – 116．（证据级别：Ⅰ级，Jadad 评分：1 分）

[17] 周嘉洲，刘小红．结石通片治疗泌尿系统结石 130 例临床观察［J］．河北中医，2002，24（2）：146 – 147．（证据级别：Ⅲ级，Minors 评分：15 分）

[18] 黄国泉．体外冲击波术联合结石通片治疗泌尿系结石临床疗效分析［J］．医学信息，2009，22（7）：1268 – 1270．（证据级别：Ⅰ级，Jadad 评分：1 分）

[19] 傅大海，杨宗志．石淋通颗粒联合体外冲击波治疗泌尿系结石临床观察［J］．中国乡村医药杂志，2014，21（3）：32 – 33．（证据级别：Ⅰ级，Jadad 评分：2 分）

[20] 顾跃，陈志君．排石中药联合超声定位碎石治疗输尿管中段结石临床疗效观察［J］．中华中医药学刊，2015，33（4）：1022 – 1024．（证据级别：Ⅰ级，Jadad 评分：2 分）

[21] 张登峰，石韦散治疗肾结石 76 例疗效观察［J］．新中医，2013，5（19）：57 – 59．（证据级别：Ⅰ级，Jadad 评分：1 分）

[22] 黄国庆．石韦散加减治疗尿路结石 50 例疗效观察［J］．当代医学，2014，20（16）：156．（证据级别：Ⅲ级，Minors 评分：12 分）

［23］ 李毅. 中医三步论治法治疗泌尿系结石 62 例疗效观察［J］. 中外健康文摘，2012，9（15）：411 - 412.（证据评级：Ⅲ级，Minors 评分：7 分）

［24］ 莫琰，莫刘基，梁峰，等. 尿石通丸治疗尿路结石气滞湿阻证的临床研究［J］. 中国新药与临床药理，2005，16（2）：141 - 144.（证据级别：Ⅰ级，Jadad 评分：2 分）

［25］ 陶南生，陈海霞，叶绮婷，等. 尿石通丸配合体外冲击波碎石术治疗输尿管结石 235 例疗效观察［J］. 新中医，2010，42（6）：92.（证据级别：Ⅰ级，Jadad 评分：1 分）

［26］ 王利勤，林唐唐，刘真，等. 中医辨证论治治愈肾结石临床医案一则［J］. 求医问药（学术版），2012，10（1）：429.（证据级别：Ⅲ级，Minors 评分：0 分）

［27］ 王艳. 知柏地黄丸在淋证治疗中的应用［J］. 实用中医内科杂志，2011，25（2）：90 - 91.（证据级别：Ⅲ级，Minors 评分：0 分）

［28］ 林志斌. 从肾失气化论治尿石症的体会［J］. 浙江中医杂志，2004，39（5）：193.（证据级别：Ⅲ级，Minors 评分：0 分）

［29］ 甘月初. 温阳法在石淋中应用 2 则［J］. 实用中西医结合临床，2002，2（5）：36.（证据级别：Ⅲ级，Minors 评分：0 分）

［30］ 袁钦和. 金匮肾气方加减治疗疑难病证 2 则［J］. 实用中西医结合临床，2003，3（2）：42 - 43.（证据级别：Ⅲ级，Minors 评分：0 分）

［31］ 方震. 针刺仿"金匮肾气丸"组方原理治疗尿石症［J］. 江西中医药，2007，38（11）：50.（证据级别：Ⅲ级，Minors 评分：2 分）

［32］ 邵绍丰，翁志梁，李澄棣，等. 单味中药金钱草、石韦、车前子对肾结石模型大鼠的预防作用［J］. 中国中西医结合肾病杂志，2009，10（10）：874 - 876.

［33］ 罗建祥. 金钱草治疗尿结石的机制作用研究. 中医中药，2014，12（22）：286 - 287.（证据级别：Ⅱ级，Jadad 评分：1 分）

［34］ 许长宝，王友志，褚校涵，等. 物理振动排石机在上尿路结石体外冲击波碎石后的临床应用. 中华泌尿外科杂志，2013，34（8）：599 - 602.（证据级别：Ⅰ级，Jadad 评分：1 分）

［35］ 虞捷，王卫红，胡勤波，等. 体外振动排石治疗输尿管末端结石的疗效观察. 现代实用医学，2015，27（4）：502 - 503.（证据级别：Ⅰ级，Jadad 评分：0 分）

［36］ 张亚强，岳惠卿，王树声. 尿石症中西医结合诊疗规范［J］. 中国中西医结合外科杂志. 2008（14）：433 - 436.

［37］ DASAEVA LA, SHATOKHINA SN, SHILOV EM. Diagnosis, pharmacologic therapy and prevention of urolithiasis［J］. Klin Med（Mosk），2004，82（1）：21 - 26.

［38］ 杨热电，蔡善淦，王荣娟. 多途径饮食预防教育在预防泌尿系结石中的应用［J］. 中国医疗前沿，2013，8（20）：102 - 103.（证据级别：Ⅰ级，Jadad 评分：1 分）

［39］ Parivar F, Low RK, Stoller ML. The influence of diet on urinary stone disease. J Urol, 1996, 155（2）：432 - 440.

［40］ Curhan GC, Willett WC, Knight EL, et al. Dietary factors and the risk of incident kidney stones in younger women：Nurses' Health Study Ⅱ［J］. Arch Intern Med, 2004, 164（8）：885 - 891.（证据级别：Ⅲ级，Minors 评分：12 分）

［41］ Borghi L, Schianch T, Meschi T. Comparison of two diets for the prevention of recurrent stones in idiopathic hypercalciuria [J]. N Engl J Med, 2002, 346 (2): 77 – 84. （证据级别：Ⅰ级，Jadad 评分：2 分）

[42] 施国海，张士青. 草酸钙结石预防的研究 [J]. 医学综述，2004，10 (9)：556 – 558.

[43] Heller HJ, Doerner MF, Brinkley LJ, et al. Effect of dietary calcium on stone forming propensity [J]. J Urol, 2003, 169 (2): 470 – 474. （证据级别：Ⅱ级，Jadad 评分：2 分）

[44] 张杰，张士更，傅骏，等. 尿路净 1 号预防腹腔镜术后双 J 管附壁结石形成 [J]. 中国中西医结合外科杂志，2013，4 (19)：183 – 184. （证据级别：Ⅲ级，Minors 评分：4 分）

[45] 沈洪良，张士更. 中药袋泡茶预防输尿管结石术后双 J 管壳石形成 [J]. 浙江中西医结合杂志，2014，24 (6)：512 – 514. （证据级别：Ⅱ级，Jadad 评分：2 分）

[46] 张士更. 中药预防草酸钙尿路结石复发的临床观察 [J]. 中国基层医药，2011，18 (11)：1441 – 1443. （证据级别：Ⅰ级，Jadad 评分：2 分）

[47] 沈珉. 当代尿石症的流行病学特征 [J]. 国外医学社会医学分册，1999，16 (4)：145.

[48] 陈健. 泌尿系草酸钙结石与 89 例患者中医体质分析 [D]. 南京：南京中医药大学，2011. （证据级别：Ⅱ级，Jadad 评分：2 分）

[49] 卓剑雄. 成人泌尿系结石的中医体质特点研究 [D]. 广州：广州中医药大学，2009. （证据级别：Ⅱ级，Minors 评分：7 分）

ICS 11.120
C 05

团 体 标 准

T/CACM 1207—2019
代替 ZYYXH/T190—2012

中医外科临床诊疗指南

乳　疬

Clinical guidelines for diagnosis and treatment of surgery in TCM

Gynecomastia

2019-01-30 发布　　　　　　　　　　　　　2020-01-01 实施

中 华 中 医 药 学 会 　发布

前　　言

本指南按照 GB/T 1.1—2009 给出的规则起草。

本指南代替了 ZYYXH/T 190—2012 中医外科常见病诊疗指南·乳疬，与 ZYYXH/T 190—2012 相比，主要技术变化如下：

——修改了临床表现（见 3.1，2012 年版的 3.1.1）；

——修改了超声检查（见 3.2.1.2，2012 年版的 3.1.2.1.2）

——增加了中成药的种类及适应证（见 5.3，2012 年版的 5.3）；

——增加了外治法的种类及用法（见 5.4，2012 年版的 5.4）；

——修改了针灸疗法的选穴及针刺方法（见 5.5，2012 年版的 5.5）；

——删除了推拿疗法（见 2012 年版的 5.6）；

——增加了治疗的推荐等级（见 5）；

——增加了预防与调护（见 6）；

——增加了参考文献；

——删除了儿童乳房异常发育的相关内容。

本指南由中华中医药学会提出并归口。

本指南主要起草单位：浙江中医药大学附属第一医院。

本指南参加起草单位：北京中医药大学第三附属医院、上海中医药大学附属龙华医院、上海中医药大学附属曙光医院、上海中医药大学附属岳阳医院、江苏省中医院、浙江省立同德医院、杭州市中医院、金华市中医院、金华市中心医院、丽水市中医院。

本指南主要起草人：王蓓、裴晓华、陈红风、赵春英、薛晓红、卞卫和、孟旭莉、徐海滨、胡可、徐斌、林旭丰、吕晓皑。

本指南于 2012 年 7 月首次发布，2019 年 1 月第一次修订。

引　言

  中医学的乳疬相当于西医学的乳房异常发育症（ICD - 10 编码：N62. X04），包括原发性男性乳房发育症、继发性男性乳房发育症、真性性早熟性女性乳房发育症、假性性早熟性女性乳房发育症等疾病中的乳房发育表现。目前国际上关于中医治疗乳疬的临床实践指南尚有欠缺，为规范及提高乳疬的中医诊疗水平，特编制本指南，供临床参考。

  本指南编写小组根据以往有关乳疬规范和标准的工作成就，遵循循证医学理念，在系统分析国外指南制作方法和指南评价方法的基础上，借鉴临床流行病学的研究方法，检索近 20 年与乳疬中医药诊疗相关的文献资料，包括中医药在证候规范化、证候演变规律，以及防治方案的优化、中医药有效药物研究等方面取得的证据，进行文献评价、证据形成、证据评价，形成新的推荐建议；同时分析了《中医外科常见病诊疗指南（2012 年版）》发布以后临床实践过程中出现的问题和反馈意见，重点探讨指南的实用性、可理解性、适用性及其在临床应用中存在的问题。

  本次修订，删减了关于儿童乳房异常发育的相关内容，通过撰写草案、专家评审、草案修改等步骤形成本指南。本指南适用于临床诊治原发性男性乳房发育症及继发性男性乳房发育症患者。

中医外科临床诊疗指南 乳疬

1 范围

本指南规定了乳疬的诊断、辨证、治疗。

本指南适用于原发性男性乳房发育症、继发性男性乳房发育症的诊断和治疗。

2 术语和定义

下列术语和定义适用于本指南。

2.1

乳疬 Gynecomastia

乳疬是指男性在乳晕部出现疼痛性结块的疾病。相当于西医的"乳房异常发育症"，包括了原发性男性乳房发育症、继发性男性乳房发育症等疾病中的乳房发育表现。

3 诊断

3.1 临床表现

可见于各年龄组的男性，临床上尤以青春期（13～17岁）和老年期（50～70岁）为多见[2]。男性乳房发育症在男性人群中的发病率为32%～65。60%～80%乳房发育呈双侧，对称或不对称，也有呈单侧发育者（左侧比右侧多见）；乳晕下可触及孤立的结块，质地坚韧，边缘清楚整齐，活动良好，与皮肤无粘连，直径2～5cm，肿块与乳头呈同心圆位置；发育的乳房常可有胀痛或刺痛，如有明显结节，常有压痛或触痛，无疼痛者少见；一般以挤压乳头有白色乳汁样分泌物为主要表现，自行溢液者少见，此类患者的乳房外观如成年女性。

男性乳房发育症的分级标准最常用的为Simon's分级标准：Ⅰ级，轻度乳房增大，没有多余皮肤；ⅡA级，中等程度的乳房增大，没有多余皮肤；ⅡB级，中等程度的乳房增大，伴有多余皮肤；Ⅲ级，显著的乳房增大伴有明显的多余皮肤，类似成年女性乳房。

3.2 检查

3.2.1 影像学检查

3.2.1.1 X线检查

腺体型：无明显肿块影，X线片上呈现絮状、扇状或盘状边界不明显的致密阴影。

肿块型：可见密度增高且较为均匀的肿块影，呈圆形、卵圆形，外侧边缘清楚；肿块位于乳头后方中央，皮肤厚度均匀一致，乳头无异常，血管影不增加，很少见钙化点。

3.2.1.2 超声检查

B型超声像图表现为以乳头为中心或稍偏向一侧的扇状或盘状低回声，与周围组织分界较清楚。其间可见管腔样的低回声暗区，也可见结节样中等回声，后壁回声稍增强。腺体组织增厚，可见条状强回声向乳头方向汇聚，不伴有淋巴结肿大，血流信号不丰富。

3.2.2 组织病理学检查

增大的乳房多成圆盘状，与周围组织无明显粘连，直径多为3～5cm，大者可超过10cm以上，表面灰色，多附着脂肪组织，质地坚硬而无包膜。切面结构致密，未见明显囊腔结构。

3.2.3 肿块细针吸取细胞学检查

镜下可见良性上皮细胞、大汗腺样上皮细胞、泡沫细胞、脂肪细胞、多核巨细胞。

3.3 鉴别诊断

3.3.1 男性乳腺癌

乳晕下有质硬无痛性肿块，并迅速增大；肿块与皮肤及周围组织粘连固定；乳头回缩或破溃；或乳头溢液呈血性，或伴腋下淋巴结肿大，X 线钼靶摄片、肿块针吸细胞学检查等有助于诊断。

3.3.2 假性男性乳房发育症

因肥胖致乳房部脂肪堆积而导致外形增大。用手指按压乳头，可有按入孔中的空虚感，局部无结块肿痛，常伴髋部脂肪沉积。X 线钼靶摄片可见阴影无明确的边界，也没有腺体及导管增生影。

4 辨证

4.1 肝气郁结证

性情急躁或忧虑，遇事易怒，乳房稍大或肥大，乳房肿块胀痛，触痛明显，胸胁牵痛；舌质红，舌苔薄白或薄黄，脉弦滑。

4.2 痰瘀互结证

乳房肿块坚硬、胀痛，肿块与皮肤、肌肉不粘连，推之能动，刺痛或压痛，忧虑，胸闷；舌质淡红，或暗红，舌苔白腻，脉弦滑。

4.3 冲任失调证

乳房肿块稍硬，连绵隐痛，郁闷不舒，腰酸膝软，性情低沉，失眠多梦，心悸纳少，眼眶青黑，耳鸣耳聋；舌质淡，舌苔薄白，脉沉细或弱。

4.4 肾气亏虚证

乳房肿块稍硬，连绵隐痛，多见于中老年人。

偏肾阳虚者：面色淡白，腰膝酸软，容易倦怠，舌质淡，舌苔白，脉沉弱。

偏肾阴虚者：头目眩晕，腰膝酸软，五心烦热，眠少梦多，舌质红，舌苔少，脉弦细。

5 治疗

5.1 治疗原则

中医治疗原则：以止痛、散结为主。

西医治疗原则：对症加激素调节治疗；如病情需要，可考虑手术治疗。

5.2 分证论治

5.2.1 肝气郁结证

治法：疏肝解郁，化痰散结。

推荐方药：逍遥蒌贝散（《经验方》）合二陈汤（《太平惠民和剂局方》）加减。（推荐等级：C）

组成：柴胡、当归、赤芍、白芍、白术、茯苓、生姜、薄荷、香附、炙甘草、瓜蒌皮、夏枯草、姜半夏、陈皮、牡蛎。

5.2.2 痰瘀互结证

治法：活血祛瘀，化痰散结。

推荐方药：桃红四物汤（《医宗金鉴》）合二陈汤（《太平惠民和剂局方》）加减。（推荐等级：E）

组成：桃仁、赤芍、红花、川芎、当归、浙贝母、山慈菇、青皮、陈皮、茯苓、姜半夏、夏枯草、三棱、莪术、牡蛎、海藻。

5.2.3 冲任失调证

治法：调摄冲任，化痰散结。

推荐方药：二仙汤（《经验方》）加减。（推荐等级：E）

组成：柴胡、白术、淫羊藿、肉苁蓉、巴戟天、青皮、熟地黄、当归、香附、鹿角、海藻、昆布、牡蛎、莪术。

5.2.4 肾气亏虚证

治法：补益肝肾，化痰散结。

推荐方药：偏阳虚者以二仙汤（《经验方》）加减；偏阴虚者以左归丸（《景岳全书》）加减。

（推荐等级：E）

组成：偏阳虚者，用仙茅、淫羊藿、肉苁蓉、巴戟天、青皮、熟地黄、山茱萸、鹿角、香附、莪术、海藻；偏阴虚者，用莪术、何首乌、牛膝、山药、枸杞子、菟丝子、鹿角胶、当归、三棱。

5.3 中成药

逍遥丸，适用于肝气郁结证。口服，一次 6~9g，一日 1~2 次。（推荐等级：E）

乳核散结片，适用于肝气郁结证、痰瘀互结证。口服，一次 4 片，一日 3 片。（推荐等级：E）

乳宁片，适用于痰瘀互结证。口服，一次 4~6 片，一日 3~4 次。（推荐等级：E）

乳增宁片，适用于肝气郁结证，冲任失调证。口服，一次 2~3 片，一日 3 次。

小金丸，适用于痰瘀互结证。打碎后口服，一次 1.2~3g，一日 2 次。（推荐等级：C）

5.4 外治法

阳和解凝膏，7~10 天更换 1 次，每次 4~6 张。若在膏药上加少许麝香，其效尤佳。（推荐等级：E）

消核膏，贴患处，宜厚勿薄，3~5 天一换。（推荐等级：E）

外用药过敏者忌用。

5.5 针灸疗法

常用穴位：乳根、膻中、合谷、肝俞、足三里、太冲、关元、三阴交、血海等。（推荐等级：E）

针刺方法：在肿块四周上下左右各 1 寸处，选用 28 号 1~1.5 寸毫针，针尖向肿块方向平刺入约 1 寸但不刺入肿块中，足三里、三阴交穴均照常规刺法，用平补平泻手法，留针 30 分钟，留针期间行针 2 次，每天 1 次，8 次为 1 疗程，休息 3 天再进行第 2 疗程。（推荐等级：E）

6 预防与调护

调节情绪，保持心情愉快，避免恼怒忧思，注意劳逸结合。平时应忌烟酒及辛辣刺激食物；避免服用对肝脏有损害的药物，有肝病者适当进行保肝治疗；注意局部乳房的清洁卫生，防止乳头及表皮破损合并感染。

参 考 文 献

[1] 汪受传, 虞舜, 赵霞, 等. 循证性中医临床诊疗指南研究的现状与策略 [J]. 中华中医药杂志, 2012, 27 (11): 2759 - 2763.

[2] 林毅, 唐汉钧. 现代中医乳房病学 [M]. 北京: 人民卫生出版社, 2003.

[3] 陈红风. 中医外科学 [M]. 北京: 中国中医药出版社, 2016.

[4] Rohrich R J, Ha RYKenkel J M, Jr A W. Classification and management of gynecomastia: defining the role of ultrasound - assisted liposuction [J]. Plastic & Reconstructive Surgery, 2003, 111 (2): 909 - 923.

[5] 国家中医药管理局. 中医病证诊断疗效标准 [M]. 南京: 南京大学出版社, 1994.

[6] 任黎萍, 陈前军, 刘鹏熙. 男性乳房发育症 60 例辨证治疗 [J]. 河北中医, 2004, 26 (11): 869 - 870. (证据分级: V)

[7] 付亚杰, 韩香英. 逍遥散加减治疗乳病 80 例 [J]. 中国中医药现代远程教育, 2009, 7 (10): 221. (证据分级: Ⅳ; MINORS 条目评价: 5 分)

[8] 何凤贤. 二仙汤配合外敷药治疗男性乳房异常发育症 100 例 [J]. 陕西中医, 2007, 28 (12): 1630 - 1631. (证据分级: V)

[9] 李舜华. 逍遥丸加消核散治疗乳病 38 例报告 [J]. 江西中医药, 1997, 28 (2): 5. (证据分级: V)

[10] 王丽红. 乳核散结片配合中药乳癖贴膏外敷治疗男性乳房发育症 30 例 [J]. 中国民间疗法, 2013, 21 (11): 46. (证据分级: V)

[11] 张允让. 乳宁片治疗乳腺病 119 例 [J]. 陕西中医杂志, 1987, 8 (10): 437. (证据分级: V)

[12] 王晓娜. 内外合治男性乳腺异常发育症 60 例临床观察 [J]. 亚太传统医药, 2014, 10 (16): 73 - 74. (证据分级: Ⅱ; 改良 Jadad 量表评分: 4 分)

[13] 黎海妮. 小金丸联合托瑞米芬治疗男性乳房肥大症的疗效观察 [J]. 医学临床研究, 2017, 34 (7): 23. (证据分级: Ⅱ; 改良 Jadad 量表评分: 3 分)

[14] 叶芳. 田震年治疗男性乳房异常发育症经验 [J]. 中国中医药信息杂志, 2008, 15 (7): 82. (证据分级: V)

[15] 郦红英. 消核膏治疗男性乳房异常发育症 32 例 [J]. 中医外治杂志, 2002, 11 (4): 48. (证据分级: V)

[16] 林修森, 林琪瑄. 瘰疬膏治疗男性乳房发育症 [J]. 湖北中医杂志, 2012, 34 (6): 38. (证据分级: V)

[17] 殷克敬, 张卫华, 安军明, 等. 名老中医郭诚杰教授临证思辨特点 [J]. 现代中医药, 2010, 30 (5): 1 - 3. (证据分级: V)

[18] 郭英民. 针刺治疗男性乳房发育症 62 例 [J]. 现代中医药, 2000 (4): 14 - 15. (证据分级: V)

ICS 11.120
C 05

团 体 标 准

T/CACM 1235—2019
代替 ZYYXH/T199—2012

中医外科临床诊疗指南
冻　疮

Clinical guidelines for diagnosis and treatment of surgery in TCM

Chilblain

2019-01-30 发布　　　　　　　　　　　　　　2020-01-01 实施

中华中医药学会 发布

前　　言

本指南按照 GB/T 1.1—2009 给出的规则起草。

本指南代替了 ZYYXH/T 199—2012 中医外科常见病诊疗指南·冻疮，与 ZYYXH/T 199—2012 相比，主要技术变化如下：

——修改了冻疮定义（见 2，2012 年版的 2）；

——修改了诊断要点（见 3.1，2012 年版的 3.1.1）；

——修改了检查的部分内容（见 3.2，2012 年版的 3.1.2）；

——增加了与"雷诺病"的鉴别（见 3.3.4）；

——调整了辨证顺序（见 4，2012 年版的 4）；

——修改了冻疮的治疗原则（见 5.1，2012 年版的 5.1）；

——修改了分证论证（见 5.2，2012 年版的 5.2）；

——修改了内服中成药（见 5.3，2012 年版的 5.3）；

——修改了外治法（见 5.4，2012 年版的 5.4）；

——修改了针灸疗法（见 5.5，2012 年版的 5.5）；

——增加了物理疗法（见 5.6）；

——修改了其他疗法（见 5.7，2012 年版的 5.6）；

——增加了治疗的推荐等级（见 5）；

——增加了预防与调护（见 6）；

——增加了参考文献。

本指南由中华中医药学会提出并归口。

本指南主要起草单位：江西中医药大学附属医院

本指南参加起草单位：天津中医药大学第一附属医院、北京中医药大学东直门医院、辽宁中医药大学附属医院、黑龙江中医药大学附属第一医院、湖南中医药大学第一附属医院、安徽中医药大学第一附属医院、福建中医药大学附属人民医院、无锡市中西医结合医院、南通市中医院。

本指南主要起草人：王万春、王军、杨博华、李大勇、杨素清、周忠志、于庆生、黄小宾、吕国忠、龚旭初、严张仁。

本指南于 2012 年 7 月首次发布，2019 年 1 月第一次修订。

引　言

本指南主要针对冻疮提供以中医药为主要内容的预防、保健、诊断和治疗建议。供中医外科医师、中医内科医师、社区医师及护理人员参考使用。主要目的是推荐有循证医学证据的冻疮的中医药诊断与治疗方法，指导临床医生和护理人员规范使用中医药进行实践活动，加强对冻疮患者的管理，提高患者及家属对冻疮防治知识的知晓率。

2012 年国家中医药管理局、中华中医药学会组织编写并出版 ZYYXH/T199—2012 中医外科常见病临床诊疗指南·冻疮，为本病的中医临床诊疗发挥了重要作用。但经临床实践发现，该指南尚存在一些问题，如定义不够准确，诊断要点不精确，治疗原则缺乏针对性，外治方法较少，欠缺预防与调护等。基于以上原因，对本指南进行补充、修订、更新。本次修订依据临床研究的最新进展和技术方法，在专家共识的基础上引入文献推荐等级，使之更适应临床变化，更具有普遍指导价值，以期更科学、更规范、更严格、更实用。

本指南的修订基于循证医学证据的收集、现代文献的评价、国内中医专家经验的搜集和整理，按照指南相关内容进行统计分析，参照德尔菲法进行专家调查问卷，将循证证据和专家共识进行结合。同时开展了临床一致性评价及方法学质量评价，避免了指南在实施过程中由于地域差异造成的影响，最大程度上保证指南的科学性、实用性及规范性，以便本版指南的推广实施。

修订后的指南对冻疮的定义进行了补充，使之更全面；修改了诊断要点，增加了检查和鉴别诊断；细化了治疗原则；丰富了外治、针灸及其他方法，使之更适应临床选用；增加了预防与调护；并补充了相关参考文献。

中医外科临床诊疗指南 冻疮

1 范围

本指南规定了冻疮的诊断、辨证、治疗、调护。

本指南适用于冻疮的诊断与治疗。

2 术语和定义

下列术语和定义适用于本指南。

2.1

冻疮 Chilblain

冻疮是人体遭受寒邪侵袭所引起的局部或全身性损伤，临床上以暴露部位的局部性冻疮为常见。相当于西医的"冻疮"或"冻伤"。

3 诊断

3.1 诊断要点

3.1.1 好发季节

好发于寒冷季节。

3.1.2 好发人群

以儿童、妇女和末梢血液循环不良者多见。此外，平时手足多汗，或长期慢性病气血衰弱者，或室外潮湿工作者，或有低温环境下停留时间较长者也易发病。

3.1.3 局部性冻疮

主要发生在四肢末端、面部和耳郭等暴露部位，多呈对称性。

轻者受冻部位先有寒冷感和针刺样疼痛，皮肤发凉呈苍白色，继而出现红肿硬结或斑块，自觉灼痛、麻木、瘙痒；重者受冻者部位皮肤呈灰白、暗红或紫色，并有大小不等的水疱或肿块，疼痛剧烈，或局部感觉消失。如果出现紫色血疱，势将腐烂，溃后渗液、流脓，甚至形成溃疡。严重的可导致肌肉、筋骨损伤。

根据冻疮复温解冻后的损伤程度，可将其分为三度：

Ⅰ度（红斑性冻疮）：损伤在表皮层。局部皮肤发白，继而红斑、水肿，自觉发热、瘙痒或灼痛。

Ⅱ度（水疱性冻疮）：损伤达真皮层。皮肤红肿更加显著，有水疱或大疱形成，疱液呈黄色或为血性。疼痛较重，对冷、热、针刺不敏感。

Ⅲ度（坏死性冻疮）：损伤达皮肤全层，严重可深及皮下组织、肌肉、骨骼。初似Ⅱ度冻疮，但水疱液为血性，继而皮肤变黑，直至出现干性坏疽。皮温极低，触之冰冷，痛觉迟钝或消失。或坏死组织周围水肿，疼痛明显。若坏死区域波及肌肉、骨骼甚至整个肢体时，局部则完全丧失感觉和运动能力。

3.1.4 全身性冻伤

有严重冷冻史。初起寒战，体温逐渐降低，随着体温下降，患者出现疼痛性发冷，知觉迟钝，疲乏，肌张力减退，麻痹，步履蹒跚，视力或听力减退，意识模糊，幻觉，嗜睡，不省人事，瞳孔散大，对光反应减弱，脉搏细弱，呼吸变浅，逐渐陷入僵硬和假死状态。如不及时救治，易致死亡。

3.2 检查

实验室检查应根据患者其他主诉及危险因素行个体化安排。包括血常规、肝肾功能、血脂、血糖等。出现湿性坏疽或合并肺部感染时，白细胞总数和中性粒细胞百分比增高；创面有脓液时，可作脓液细菌培养及药敏试验；Ⅲ度冻疮怀疑有骨坏死时，可行 X 线检查。必要时可进行冷凝蛋白检查和甲皱毛细血管镜检查。

3.3 鉴别诊断

3.3.1 类丹毒

多见于肉类和渔业的工人，在手指和手背出现局限性的深红色或青紫斑，肿胀明显，有阵发性疼痛和瘙痒，呈游走性，很少超过腕部。一般 2 周左右自行消退，无溃烂。

3.3.2 多形性红斑

多发于春、秋两季，以手、足、面部及颈旁多见，皮损为风团样丘疹或红斑，颜色鲜红或紫暗，中心部常发生重叠水疱，形成特殊的"虹膜状"皮损。常伴有发热、关节疼痛等症状。

3.3.3 血栓闭塞性脉管炎

坏疽期血栓闭塞性脉管炎的局部表现与冻疮所致肢体末端坏疽溃疡相似，但若结合病史、典型症状、体征及有关检查则不难鉴别。前者在肢体坏死脱落或溃疡形成之前有典型的间歇性跛行史，且伴剧烈疼痛；体检足背、胫后动脉，可见搏动减弱或消失。而冻疮有受冻史，局部以麻木疼痛或水疱等为主要伴随症状。

3.3.4 雷诺病

是一种因情绪紧张或解除冷刺激后引起的肢端小动脉痉挛，多见于年轻女性。临床以阵发性肢端皮肤苍白、发绀、潮红，伴刺痛和麻木感，在温暖后恢复正常为特征。

4 辨证

4.1 寒凝血瘀证

局部麻木冷痛，肤色青紫或暗红，肿胀结块，或有水疱，瘙痒，手足清冷；舌质淡，舌苔白，脉沉或沉细。

4.2 瘀滞化热证

疮面溃烂流脓，四周红肿灼热，疼痛喜冷，或患处筋骨暴露；伴发热，口渴；舌质红，舌苔黄，脉数。

4.3 寒盛阳衰证

时时寒战，四肢厥冷，蜷卧嗜睡，感觉麻木，幻觉幻视，呼吸微弱，甚则神志不清；舌质淡，舌苔白，脉微欲绝。

4.4 气虚血瘀证

神疲体倦，气短懒言，面色少华，疮面不敛，创周暗红漫肿、麻木；舌质淡或有瘀斑，舌苔白，脉细弱或虚大无力。

5 治疗

5.1 治疗原则

中医治疗原则：温通散寒，补阳活血。Ⅰ、Ⅱ度冻疮以外治为主；Ⅲ度冻疮应内外合治；全身性冻伤应立即抢救复温，防止肢体伤残的发生。

西医治疗原则：根据冻疮的程度采取综合治疗措施。局部性冻疮以消炎、扩血管、促进血液循环为主。全身性冻伤采取综合治疗方法，防止和减少伤残，最大限度地保留有生活能力的组织和患肢功能。

5.2 分证论治

5.2.1 寒凝血瘀证

治法：温经散寒，祛瘀通脉。

推荐方药：当归四逆汤（《伤寒论》）或桂枝加当归汤（经验方）加减。（推荐强度：C，证据级别：Ⅲ）

常用药：桂枝、白芍、细辛、当归、生姜、大枣、通草、甘草、丹参、红花、黄芪。

加减：局部漫肿水疱者，加茯苓、车前子、薏苡仁、泽泻。

5.2.2 瘀滞化热证

治法：清热解毒，活血止痛。

推荐方药：四妙勇安汤（《验方新编》）加减。（推荐强度：C，证据级别：Ⅲ）

常用药：金银花、玄参、当归、川芎、丹参、赤芍、连翘、甘草。

加减：热盛者加蒲公英、紫花地丁，气虚者加黄芪、党参，痛甚者加延胡索、制乳香、制没药。

5.2.3 寒盛阳衰证

治法：回阳救逆，温通血脉。

推荐方药：四逆加人参汤（《伤寒论》）或参附汤（《世医得效方》）加减。（推荐强度：C，证据级别：Ⅲ）

常用药：人参、附子、干姜、甘草。

加减：病情严重者用量可酌加，气虚者加黄芪，阳虚者加肉桂、龙骨、牡蛎。

5.2.4 气虚血瘀证

治法：益气养血，祛瘀通脉。

推荐方药：人参养荣汤（《太平惠民和剂局方》）或八珍汤（《正体类要》）合桂枝汤（《伤寒论》）加减。（推荐强度：C，证据级别：Ⅲ）

常用药：党参、白术、黄芪、炙甘草、陈皮、桂枝、当归、熟地黄、五味子、茯苓、白芍、大枣、生姜。

加减：疮周漫肿暗红者加桃仁、红花。

5.3 内服中成药（推荐强度：C，证据级别：Ⅲ）

附子理中丸，适用于冻疮寒凝血瘀证。口服，水蜜丸一次6g，一日2~3次。

人参养荣丸，适用于冻疮气虚血瘀证。口服，水蜜丸一次6g，一日2~3次。

八珍丸，适用于冻疮日久，气虚血瘀证。口服，水蜜丸一次6g，一日2~3次。

十全大补丸，适用于气虚血瘀证。口服，水蜜丸一次9~15g，一日2~3次。

5.4 外治法

5.4.1 Ⅰ度冻疮

初期红肿痛痒皮肤未溃烂者，用10%胡椒酒精浸液（取胡椒粉10g，加75%酒精至100mL，浸7天后取上清液）外涂，每日数次；或以红灵酒或生姜胡椒酊（生姜、干辣椒各60g，放入75%酒精300mL内，浸泡10天，取渣贮瓶备用）外擦，轻揉患处，每日2~3次；或用冻伤膏或阳和解凝膏外涂，或用云南白药酒调外敷患处，每日3次。（推荐强度：B，证据级别：Ⅱb）

5.4.2 Ⅱ度冻疮

有水疱的Ⅱ度冻疮，应在局部消毒后用无菌注射器抽出疱液，或用无菌剪刀在水疱低位剪一小口，放出疱液，外涂冻伤膏、红油膏或生肌白玉膏等。（推荐强度：C，证据级别：Ⅲ）

5.4.3 Ⅲ度冻疮

用75%酒精或碘酊消毒患处及周围皮肤。有水疱或血疱者，经注射器抽液后用红油膏纱布包扎保暖；有溃烂时，用红油膏掺九一丹外敷；腐脱新生时，用红油膏掺生肌散或生肌玉红膏外敷。局部坏死严重者，可配合手术修切；肢端全部坏死或湿性坏疽危及生命时，可行截肢（趾、指）术。（推荐强度：C，证据级别：Ⅲ）

5.4.4 其他外用中成药

可根据疮面情况选择使用蛇油冻疮膏、湿润烧伤膏、京万红软膏、正红花油、云南白药酊等药物外治。（推荐强度：B，证据级别：Ⅱb）

5.5 针灸疗法

5.5.1 体针

病变在面及耳部，取阿是穴；病变在手部，取阳池、阳溪、合谷、外关、中渚；病变在足部，取解溪、通谷、公孙。平补平泻，留针5~15分钟，每日1次。（推荐强度：B，证据级别：Ⅱb）

5.5.2 电针

病变局部经穴2~3个，阿是穴1~2个，以毫针快速刺入穴位，酸胀感愈重愈佳。电针治疗仪输出强度以患者能耐受为度。每日1次，每次30分钟。（推荐强度：C，证据级别：Ⅱb）

5.5.3 火针

患者取仰卧位，取中脘穴，局部皮肤常规消毒，然后将20~22号粗针（即火针）尖部在酒精灯上烧红，快速直刺入中脘穴（深0.8~1.2寸），立即出针，用消毒敷料包扎，3日内禁止洗浴以免感染。（推荐强度：C，证据级别：Ⅱb）

5.5.4 灸法

点燃艾条，直接灸患处，每日3~5次，1-2个月为1个疗程。或将0.5cm厚鲜姜置红肿上，点燃艾炷，隔姜灸，每次3~5壮，每日1次。（推荐强度：B，证据级别：Ⅱb）

5.5.5 耳穴法

取穴：肺、前列腺、肾上腺、面颊、手指、足趾、足根等。

操作：耳郭常规消毒，以王不留行籽贴压。贴压期间嘱患者每日手压埋处3次，每次5分钟。每贴压3天更换1次，5次为1个疗程。（推荐强度：C，证据级别：Ⅱb）

5.5.6 皮肤针法

取穴：合谷、曲池、委中、丘墟、阿是穴。

操作：局部常规消毒后，用中等刺激扣刺肿胀部位，挤出少量淤血。再轻刺激叩刺四肢部1~2穴，至皮肤潮红为度，每日1次。（推荐强度：C，证据级别：Ⅱb）

5.6 物理治疗

可用红外线照射、氦氖激光及激光穴位照射治疗等。（推荐强度：B，证据级别：Ⅱa）

5.7 其他疗法

严重全身性冻伤患者必须立即采取快速复温治疗等急救措施，迅速使患者脱离寒冷环境。首先脱去冰冷潮湿的衣服、鞋袜（如衣服、鞋袜连同肢体冻结者，不可勉强，以免造成皮肤撕脱，待融化后脱下或剪开），对患者立即施行局部或全身快速复温，用38~42℃的恒热温水浸泡患处或全身，使局部在20分钟、全身30分钟内体温迅速提高至接近正常，以指（趾）甲床出现潮红有温热感为止，不宜过久。

复温后立即离开温水，覆盖保暖。可给予姜汤、糖水、茶水等温热饮料，亦可少量饮酒及含酒饮料，以促进血液循环，扩张周围血管。必要时静脉输入加温（不超过37℃）的葡萄糖溶液、低分子右旋糖酐和能量合剂等，以纠正血液循环障碍和血糖不足，维持水与电解质平衡，并供给热量。早期复温过程中，严禁使用雪搓、火烤、冷水浴等方法。患者已进入温暖环境，可少量饮酒，以助周围血管扩张。

在复温过程中，需保持患者呼吸道通畅、防止休克和肺部感染、维持水电解质酸碱平衡。（推荐强度：C，证据级别：Ⅲ）

6 预防与调护

——普及预防知识，加强抗寒锻炼。

——在寒冷环境下工作的人员注意防寒保暖，改善必要的防寒设备。尤其对手、足、耳、鼻等部位加强保护，可涂防冻霜。

——保持服装鞋袜干燥，冬天户外作业静止时间不宜过长，应适当活动，以促进血液循环。

——受冻后不宜立即用火烤，防止溃烂成疮。

——冻疮未溃发痒时切忌用力搔抓，防止皮肤溃破感染。

参 考 文 献

[1] 李曰庆，何清湖．中医外科学［M］．北京：中国中医药出版社，2012：95-97.

[2] 杨志波，范瑞强，邓丙戌．中医皮肤性病学［M］．北京：中国中医药出版社，2010：232-234.

[3] 刘成华，唐瑞明．红灵酒治疗冻疮100例［J］．浙江中医药杂志，1997（9）：406.（证据分级：Ⅱ；Jadad 量表评分：3分）

[4] 刘东，于萍．云南白药治疗冻疮疗效观察［J］．中外医学研究，2012，10（36）：106.（证据分级：Ⅱ；Jadad 量表评分：3分）

[5] 黄松，汪文清．蛇油冻疮膏治疗冻疮210例临床观察［J］．蛇志，2006，18（3）：213.（证据分级：Ⅱ；Jadad 量表评分：3分）

[6] 王江军，哥丹，陈子超．湿润烧伤膏治疗冻疮85例疗效观察［J］．中国烧伤创疡杂志，2007，19（2）：129-130.（证据分级：Ⅱ；Jadad 量表评分：3分）

[7] 潘春光，韩董艳．京万红治疗手破溃型冻疮35例分析［J］．中国误诊医学杂志，2009，9（10）：2456-2457.（证据分级：Ⅱ；Jadad 量表评分：3分）

[8] 戴捷．正红花药油治疗冻疮20例［J］．中国校医，1996，10（6）：455.（证据分级：Ⅱ；Jadad 量表评分：3分）

[9] 林磊．云南白药治疗手部破溃型冻疮18例［J］．航空军医，2006，34（1）：17.（证据分级：Ⅱ；Jadad 量表评分：3分）

[10] 何宜忠．针灸治疗手部冻疮88例［J］．中国针灸，2009，29（2）：102.（证据分级：Ⅱ；Jadad 量表评分：3分）

[11] 向峰，王英，肖一宾．针刺加推拿治疗冻疮例临床观察［J］．中国针灸，2005，25（3）：171-172.（证据分级：Ⅱ；Jadad 量表评分：3分）

[12] 钱永益，丁钰熊，龙楚瑜，等．单纯针刺、温针、电针对甲皱微循环效应的探讨［J］．中国针灸，1984（5）：25-26.（证据分级：Ⅱ；Jadad 量表评分：3分）

[13] 孙治安，王风艳．火针治疗冻疮64例临床观察［J］．中国针灸，2000，20（9）：524.（证据分级：Ⅱ；Jadad 量表评分：3分）

[14] 俞建辉．冬病夏治隔姜灸治冻疮［J］．中国针灸，2011，31（12）：1096-1097.（证据分级：Ⅲ；Jadad 量表评分：3分）

[15] 李芳莉．扬刺加灸治疗冻疮114例疗效观察［J］．中国针灸，2000，20（11）：663-664.（证据分级：Ⅱ；Jadad 量表评分：3分）

[16] 许秀荣．耳压疗法加中药外洗治疗冻疮［J］．中国临床医生，2001，29（11）：61.（证据分级：Ⅲ；Jadad 量表评分：3分）

[17] 李宏媛．皮肤针治疗冻疮23例［J］．锦州医学院学报，1984（3）：10.（证据分级：Ⅱ；Jadad 量表评分：3分）

[18] 李丽君．低功率 He-Ne 激光局部照射治疗冻疮38例的疗效观察［J］．中国实用护理杂志，2004（20）：112.（证据分级：Ⅱ；Jadad 量表评分：3分）

[19] 方玲玲．红花冻疮酊配合红外线治疗冻疮临床观察［J］．天津中医药，2007，24（5）：431-

345. （证据分级：Ⅱ；Jadad 量表评分：3 分）

［20］张育勤，常秀兰，胡杰，等．低功率 He－Ne 激光穴位照射治疗冻疮的疗效观察［J］．中国激光，1985（3）：191．（证据分级：Ⅱ；Jadad 量表评分：3 分）

ICS 11.120
C 05

团 体 标 准

T/CACM 1236—2019
代替 ZYYXH/T185—2012

中医外科临床诊疗指南
褥　疮

Clinical guidelines for diagnosis and treatment of surgery in TCM
Pressure ulcers

2019-01-30 发布

2020-01-01 实施

中华中医药学会 发布

前　言

本指南按照 GB/T1.1—2009 给出的规则起草。

本指南代替了 ZYYXH/T 185—2012 中医外科常见病诊疗指南·褥疮，与 ZYYXH/T 185—2012 相比，主要技术变化如下：

——修改了褥疮定义（见2，2012 年版的2）；

——增加了诊断要点（见3.1，2012 年版的3.1.1）；

——增加了临床分期（见3.2）；

——修改了检查（见3.3，2012 年版的3.1.2）；

——增加了鉴别诊断（见3.4）；

——修改了治疗原则（见5.1，2012 年版的5.1）；

——修改了分证论证（见5.2，2012 年版的5.2）；

——修改了外治法（见5.3，2012 年版的5.3）；

——增加了针灸治疗（见5.4）；

——增加了物理疗法（见5.5）；

——增加了治疗的推荐等级（见5）；

——增加了预防与调护（见6）；

——增加了参考文献。

本指南由中华中医药学会提出并归口。

本指南主要起草单位：江西中医药大学附属医院。

本指南参加起草单位：天津中医药大学第一附属医院、北京中医药大学东直门医院、辽宁中医药大学附属医院、黑龙江中医药大学附属第一医院、湖南中医药大学第一附属医院、安徽中医药大学第一附属医院、福建中医药大学附属人民医院、无锡市中西医结合医院、南通市中医院参加起草。

本指南主要起草人：王万春、王军、杨博华、李大勇、杨素清、周忠志、于庆生、黄小宾、吕国忠、龚旭初、严张仁。

本指南于 2012 年 7 月首次发布，2019 年 1 月第一次修订。

引　言

　　本指南主要针对褥疮提供以中医药为主要内容的预防、保健、诊断和治疗建议。供中医外科医师、中医内科医师、社区医师及护理人员参考使用。编写本指南的主要目的是推荐有循证医学证据的褥疮中医诊断与治疗方法，指导临床医生和护理人员规范使用中医药进行实践活动，加强对褥疮患者的管理，提高患者及家属对褥疮防治知识的知晓率。

　　2012 年国家中医药管理局、中华中医药学会组织编写并出版 ZYYXH/T185—2012 中医外科常见病临床诊疗指南·褥疮，对本病的中医临床诊疗发挥了重要作用。但经临床实践发现，该指南尚存在一些问题，如定义不够准确，缺少临床分期，治疗原则缺乏针对性，外治方法较少，欠缺预防与调护等。基于以上原因，对本指南进行补充、修订、更新。本次修订依据临床研究的最新进展和技术方法，在专家共识的基础上引入文献推荐等级，使之更适应临床变化，更具有普遍指导价值，以期更科学、更规范、更严格、更实用。

　　本指南的修订基于循证医学证据的收集、现代文献的评价、国内中医专家经验的搜集和整理，按照指南相关内容进行统计分析，参照德尔菲法进行专家调查问卷，将循证证据和专家共识进行结合。同时，此次修订工作开展了临床一致性评价及方法学质量评价，避免了指南在实施过程中由于地域差异造成的影响，最大程度上保证指南的科学性、实用性及规范性，以便本版指南的推广实施。

　　修订后的指南对褥疮的定义进行了补充，使之更全面；增加了临床分期，使之更适应临床选用；细化了治疗原则；丰富了外治方法；增加了预防与调护；并补充了相关参考文献。

中医外科临床诊疗指南 褥疮

1 范围

本指南规定了褥疮的诊断、辨证、治疗、调护。

本指南适用于褥疮的诊断与治疗。

2 术语和定义

下列术语和定义适用于本指南。

2.1

褥疮 Pressure ulcer

褥疮是一种因长期卧床，患部受压或摩擦、气血运行失畅而形成的以局限性皮肤溃疡、疮口经久不愈为主要临床表现的外科疾病；亦称"席疮"。相当于西医的"压疮"。

3 诊断

3.1 诊断要点

好发于尾骶、髂、背脊、肘踝、足跟等骨突受压和摩擦的部位。多见于长时间昏迷、瘫痪、半身不遂、大面积烧伤及久病卧床的患者。

初起：受压部位发红、微肿，渐趋暗紫色，可出现水疱，皮损随继续受压而范围增大，继之色黑，疮周肿势平坦散漫，痛或不痛。

后期：疮面出现坏死溃烂，脓液臭秽，进展迅速。坏死组织脱落后，形成巨大的溃疡面，深达筋膜、肌肉、骨和关节，可形成潜行腔隙和窦道。疮口经久不愈，甚至出现脓毒走窜、内传脏腑之重症。

3.2 临床分期

可疑的深部组织损伤：局部皮肤完整但可出现颜色改变，如紫色或褐红色，或导致充血的水疱。与周围组织比较，这些受损区域的软组织可能有疼痛、硬块、有黏糊状的渗出、潮湿、发热或冰冷。

Ⅰ期（淤血红润期）：皮肤完整，局部皮肤（通常在骨突部位）颜色变红，压之不变色，与邻近组织相比，局部可有疼痛、坚硬、变热等症状。

Ⅱ期（炎性浸润期）：疼痛、水泡、破皮或小浅坑。部分皮层缺失，表现为一个浅的开放性溃疡，伴有粉红色的创面，无腐肉，也可能表现为一个完整的或破裂的浆液性水疱。

Ⅲ期（浅度溃疡期）：不规则的深凹，可有潜行、坏死组织及渗液，基本无痛感；全层组织缺失，可见皮下脂肪暴露，但骨头、肌腱、肌肉未外露，有腐肉存在，但组织缺失的深度不明确，可能包含潜行和隧道。

Ⅳ期（坏死溃疡期）：全层组织缺失，伴有骨、肌腱或肌肉外露，伤口床的某些部位有腐肉或焦痂，常常有潜行或隧道。

无法分期：全层组织缺失，溃疡底部有腐肉覆盖（黄色、黄褐色、灰色、绿色或褐色），或者伤口床有焦痂附着（褐色或黑色）。

3.3 检查

3.3.1 实验室检查

实验室检查应根据患者其他主诉及危险因素行个体化安排。包括血常规、肝肾功能、血脂、血糖、电解质、肿瘤标志物等。

血常规检查：明确是否有全身感染。

血清白蛋白测定：明确患者营养状况。

疮面分泌物培养及药物敏感试验：有利于选用敏感抗生素。

3.3.2 影像学检查

必要时进行腔隙或窦道造影检查或者 MRI 检查。

3.4 鉴别诊断

3.4.1 痈

是一种发生于皮肉之间的急性化脓性疾病，多见于颈部、腋下、脐部、臀部等处，不一定是易受压及摩擦部位。局部红肿，但中间明显隆起，边界不清，持续性胀痛，化脓后啄痛，大多发生坏死、化脓、溃烂，很少反复发作。

3.4.2 接触性皮炎

是因皮肤或黏膜接触某些外界物质引起的皮肤急性或慢性炎症反应，有接触刺激物病史，皮损多局限在接触部位，边界清楚，以红斑、肿胀、丘疹、水疱或大疱、糜烂、渗出为主，自觉瘙痒、灼热感，重者疼痛。祛除致敏接触物，经治疗后皮损一般能较快痊愈。

4 辨证

4.1 气滞血瘀证

局部皮肤出现褐色红斑，继而紫暗红肿或有破溃，舌苔薄，舌边有瘀点，脉弦。

4.2 蕴毒腐溃证

褥疮溃烂，腐肉及脓水较多，或有恶臭，重者溃烂可深及筋骨，四周漫肿；伴有发热或低热，口苦且干，精神萎靡，食欲不振；舌质红，舌苔少或黄腻，脉细数或滑数。

4.3 气血两虚证

疮面腐肉难脱，或腐肉虽脱而新肉不生，或新肌色淡不红、愈合缓慢；伴有面色无华，神疲乏力，纳差食少；舌质淡，舌苔少或薄或薄腻，脉沉细无力。

5 治疗

5.1 治疗原则

中医治疗原则：内治以补益气血，和营托毒为原则。外治根据疮面不同时期选择运用活血化瘀、清热解毒、提脓祛腐、生肌收口等方法。

西医治疗原则：根据不同分期，以减轻局部压力、促进局部血液循环、消炎、抗感染、促进疮面愈合为原则。疮面较大或深达肌肉深部及骨骼者，应进行局部清创，必要时可进行负压封闭引流、肌皮瓣转移术等。病情较重者可选用敏感抗生素口服或静脉应用，同时加强营养支持治疗。

5.2 分证论治

5.2.1 气滞血瘀证

治法：理气活血，疏经通络。

推荐方药：血府逐瘀汤（《医林改错》）加减。（推荐强度：C，证据级别：Ⅲ）

常用药：柴胡、枳壳、赤芍、桃仁、红花、当归、川芎、熟地黄、怀牛膝、桔梗、炙甘草等。

加减：气虚者，加黄芪、党参；气滞者，加延胡索、香附。

5.2.2 蕴毒腐溃证

治法：益气养阴，利湿托毒。

推荐方药：生脉散（《内外伤辨惑论》）、透脓散（《外科正宗》）合萆薢渗湿汤（《疡科心得集》）加减。（推荐强度：C，证据级别：Ⅲ）

常用药：麦冬、党参、当归、黄芪、穿山甲、川芎、皂角刺、萆薢、薏苡仁、黄柏、茯苓、牡丹皮、泽泻、滑石、通草等。

加减：脓腐较多者，可加金银花、败酱草等。

5.2.3 气血两虚证

治法：益气养血、托毒生肌。

推荐方药：八珍汤（《正体类要》）加减。（推荐强度：C，证据级别：Ⅲ）

常用药：茯苓、当归、白术、党参、白芍、熟地黄、川芎、黄芪、炙甘草等。

加减：余毒未尽者，加夏枯草、金银花、连翘；阴虚内热者，加鳖甲、玄参、地骨皮。

5.3 外治法

5.3.1 外用药

5.3.1.1 初起

局部红紫未溃者，可用红灵酒、紫草油外搽按摩。（推荐强度：C，证据级别：Ⅲ）

5.3.1.2 溃后

表浅溃腐者可用红油膏掺九一丹外敷；如渗液较多，可用蒲公英、紫花地丁、马齿苋煎水湿敷或淋洗，或用黄柏液湿敷，湿敷后再用红油膏掺九一丹外敷。如有坏死组织，应适当修剪，或用蚕食法清创。如疮面下有积脓，应做扩创引流。（推荐强度：C，证据级别：Ⅲ）

5.3.1.3 收口

可用生肌散、生肌玉红膏、生肌白玉膏等外敷。（推荐强度：B，证据级别：Ⅱb）

5.3.2 中成药外治

可根据疮面情况选择使用湿润烧伤膏、京万红软膏、复方黄柏液涂剂、康复新液、云南白药等药物外治。（推荐强度：B，证据级别：Ⅱb）

5.4 针灸治疗

可选用艾条熏灸疮面或电针围刺疮面辅助治疗。（推荐强度：A，证据级别：Ⅰb）

5.5 物理治疗

可用红外线照射、紫外线照射、氦氖激光照射治疗等。（推荐强度：C，证据级别：Ⅲ）

6 预防与调护

——本病应加强护理，重在预防。要加强患者、家属及护理人员的健康教育。

——对长期卧床病人应定时翻身，经常改变病人的卧位姿势，使骨骼突出部位轮流承受身体重量，以减轻压力。坚持每2小时更换体位1次，是预防褥疮发生的有力措施。气垫床或特殊床垫的使用可以有效防止褥疮的发生。

——易受压部位应保持皮肤干燥，床褥平整柔软。病人身体的分泌物和排泄物应及时清洁，加强对大小便的管理，防止污染。

——发现受压部位皮肤颜色变暗应及时处理。

——加强营养，积极治疗全身基础疾病。

参 考 文 献

[1] 姜丽萍. 压疮临床分期及相关机制研究进展 [J]. 创伤外科杂志, 2012, 14 (10): 97 - 99.

[2] 李曰庆, 何清湖. 中医外科学 [M]. 北京: 中国中医药出版社, 2012: 95 - 97.

[3] 江琳, 张雅丽, 张雅萍. 红灵酒在 ICU 预防压疮中的应用及效果观察 [J]. 护理研究, 2014, 28 (3): 1090 - 1091, 1198. (证据分级: Ⅱ; Jadad 量表评分: 3 分)

[4] 覃英姿. 紫草油治疗老年人重度褥疮 [J]. 中国医药导报, 2007, 4 (1): 84. (证据分级: Ⅱ; Jadad 量表评分: 3 分)

[5] 杨波武. 自制紫草油治疗压疮 186 例体会 [J]. 当代医学, 2012, 18 (16): 156 - 157. (证据分级: Ⅱ; Jadad 量表评分: 3 分)

[6] 龙凤强, 邹利添, 曾远超, 等. 九一丹和生肌散治疗褥疮的意义 [J]. 中医临床研究, 2015, 7 (8): 15 - 17. (证据分级: Ⅱ; Jadad 量表评分: 3 分)

[7] 林莎莎, 张紫寅, 李容华, 等. 复方黄柏液湿敷治疗Ⅱ、Ⅲ期压疮的临床疗效观察 [J]. 临床合理用药, 2014, 7 (8): 43 - 44. (证据分级: Ⅱ; Jadad 量表评分: 4 分)

[8] 刘刚. 生肌玉红膏治疗褥疮 40 例 [J]. 国医论坛, 2008, 23 (4): 30. (证据分级: Ⅱ; Jadad 量表评分: 3 分)

[9] 姚昶. 生肌玉红膏治疗老年性褥疮 20 例临床研究 [J]. 实用老年医学, 2000, 14 (3): 161 - 162. (证据分级: Ⅱ; Jadad 量表评分: 4 分)

[10] 周燕飞. 生肌散治疗褥疮 52 例疗效观察 [J]. 中医药导报, 2005, 11 (4): 53 - 54. (证据分级: Ⅱ; Jadad 量表评分: 3 分)

[11] 杨园良, 车华. 湿润烧伤膏治疗褥疮临床观察 [J]. 中国社区医院, 2006, 8 (2): 72. (证据分级: Ⅱ; Jadad 量表评分: 3 分)

[12] 李淑敏, 王玉智. 湿润烧伤膏治疗褥疮效果观察 [J]. 中华国际护理杂志, 2002, 1 (3): 219 - 220. (证据分级: Ⅱ; Jadad 量表评分: 3 分)

[13] 刘玉琳, 黄功兰, 张艳晴. 康复新联合红外线烤灯治疗二期、三期压疮患者的临床护理 [J]. 护理实践与研究, 2012, 9 (14): 16 - 17. (证据分级: Ⅱ; Jadad 量表评分: 3 分)

[14] 郑兰花, 林聪贤, 杨建华. 云南白药联合龙血竭胶囊治疗褥疮的效果观察及护理 [J]. 医学理论与实践, 2012, 25 (14): 1765 - 1766. (证据分级: Ⅱ; Jadad 量表评分: 3 分)

[15] 何俐, 李慧萍. 艾灸配合换药治疗压疮效果观察 [J]. 新疆中医药, 2008 (2): 36. (证据分级: Ⅱ; Jadad 量表评分: 3 分)

[16] 张翠蓉, 肖慧华, 陈日新. 腧穴热敏化艾灸疗法治疗压疮的疗效观察 [J]. 中华中医药杂志, 2010, 25 (3): 478 - 479. (证据分级: Ⅱ; Jadad 量表评分: 4 分)

[17] Zhang Q, Yue J, Li C, etal. Moxibustion for the treatment of pressure ulcers: study protocol for a pilot, multicentre, randomised controlled trial. BMJ Open, 2014, 4 (12): 6423. (证据分级: Ⅰ; Jadad 量表评分: 7 分)

[18] Zhang Q, Yue J, Sun Z, etal. Electroacupuncture for pressure ulcer a study protocol for a randomized controlled pilot trial. Trials, 2014 (15): 7. (证据分级: Ⅰ; Jadad 量表评分: 7 分)

［19］于晨光，孙忠人，赵艳玲，等．电针围刺法治疗褥疮疗效观察［J］．实用中医药杂志，2015，31（3）：241－242．（证据分级：Ⅱ；Jadad 量表评分：3 分）

［20］夏连香，谢爱荣．红外线照射联合外科清创换药治疗压疮的疗效观察［J］．中国现代医生，2013，7（35）：137－138．（证据分级：Ⅱ；Jadad 量表评分：3 分）

［21］明德玉，刘敏．氦－氖激光与短波紫外线治疗压疮对比观察［J］．中国临床康复，2002，6（16）：2434（证据分级：Ⅱ；Jadad 量表评分：3 分）

ICS 11.120
C 05

团 体 标 准

T/CACM 1242—2019

中医外科临床诊疗指南
股肿病

Clinical guidelines for diagnosis and treatment of surgery in TCM
Guzhong disease

2019-01-30 发布

2020-01-01 实施

中 华 中 医 药 学 会 发布

前　　言

本指南按照GB/T 1.1—2009给出的规则起草。

本指南由中华中医药学会提出并归口。

本指南主要起草单位：山东中医药大学附属医院。

本指南参加起草单位：北京中医药大学东直门医院、上海中医药大学附属龙华医院、上海市中西医结合医院、首都医科大学附属北京中医医院、天津中医药大学第一附属医院、天津中医药大学第二附属医院、河南中医药大学附属医院、洛阳市中医院、黑龙江中医药大学附属第一医院、辽宁中医药大学附属医院、山西中医学院附属医院、石家庄市中医院、广州市中医院、济南市中医医院、福建中医学院附属人民医院、山东大学第二医院。

本指南主要起草人：陈柏楠、刘明、秦红松、刘政、张玥、刘春梅、张大伟、王雁南、张玉冬、王冠、杨博华、张朝晖、阙华发、赵钢、曹烨民、李大勇、王军、周涛（河南）、周涛（山东）、张建强、郑学军、何春红、徐旭英、黄小宾、周毅平、孙庆。

引　言

　　股肿病相当于下肢深静脉血栓形成（deep venous thrombosis，DVT），是一种常见的周围血管疾病，典型症状表现为患肢肿胀、血栓部位压痛、浅静脉扩张、皮色暗红、皮温升高等。本病早期易血栓脱落，并发肺动脉栓塞（pulmonary embolism，PE），严重威胁人类生命；后期遗留血栓后综合征（post‑thrombotic syndrome，PTS），严重者形成静脉性溃疡，给患者的生活质量及身心健康带来严重的不良影响。

　　1994 年国家中医药管理局发布的《中医病症诊断疗效标准》将该病明确命名为"股肿病"。并初步规范了其诊断、辨证及治疗。1995 年中国中西医结合学会周围血管疾病专业委员会发布了股肿病（下肢深静脉血栓形成）的诊断及疗效评价标准，进一步规范了股肿病形成的诊断、辨证、治疗及疗效评价标准。在其研究成果基础上，国家中医药管理局第一批 22 个专业 95 个病种《中医诊疗方案·股肿（下肢深静脉血栓形成）诊疗方案》正式发布，在运用中医药治疗股肿病形成上达成了专家共识，形成了针对股肿病的中医药治疗方案和中医临床路径。

　　上述行业标准及诊疗方案多为专家共识，循证医学证据支持不足，指南编写小组以股肿病的中医药治疗为主要内容，在以往股肿病诊疗指南和专家共识的基础上，对研究质量相对较高的中医药治疗股肿病综述和随机对照试验（RCT）研究进行严格的质量评价，通过文献研究和循证医学方法，选择高质量的证据，形成新的推荐意见；并通过全国性问卷调查及专家论证会、同行评价，重点探讨指南的实用性、可理解性、适用性及其在临床应用中存在的问题。在上述工作基础上形成指南。

　　目前国际上尚无中医药治疗股肿病（下肢深静脉血栓形成）的临床实践指南，指南制定的主要目的是推荐有循证医学证据的、临床有效且安全、可行的中医药辨证分型标准、中医药诊断与治疗方法，指导临床医生、护理人员规范使用中医药进行医学实践活动；加强对股肿病的管理，提高患者及家属对股肿病防治知识的知晓率。具有循证医学证据的中医药防治股肿病的临床实践指南，对于规范使用中医药，提高中医药治疗股肿病中医临床疗效具有重要作用。

中医外科临床诊疗指南 股肿病

1 范围

本指南提出了股肿病的诊断、辨证、治疗、预防与调护建议。

本指南适用于股肿病的诊断、治疗和预防。

2 术语和定义

下列术语和定义适用于本指南。

2.1

股肿病 Guzhong disease

即深静脉血栓形成（deep venous thrombosis，DVT），指血液在深静脉管腔内异常凝固导致静脉回流障碍性疾病，其主要表现为肢体肿胀、疼痛、局部皮温升高和浅静脉扩张，多发生于下肢，可并发肺栓塞和遗留血栓后综合征。

2.2 肺栓塞（肺动脉血栓栓塞）Pulmonary embolism，PE

是由于内源性或外源性栓子堵塞肺动脉主干或分支，引起肺循环障碍的临床和病理生理综合征。

2.3

静脉血栓栓塞症 Venous thromboembolism，VTE

下肢深静脉血栓形成和肺动脉血栓栓塞合称静脉血栓栓塞症。

2.4

下肢深静脉血栓形成后综合征 Post–thrombotic syndrome，PTS

下肢深静脉血栓形成晚期，深静脉瓣膜功能破坏后下肢静脉高压引起的一组临床综合征。以下肢肿胀、足靴区皮肤色素沉着及下肢慢性溃疡为主要表现。

2.5

霍曼征 Homan's sign

患肢伸直，足踝关节背屈时，引起小腿深部肌肉疼痛，为霍曼征阳性。提示小腿深静脉血栓形成。

2.6

尼霍夫征 Neuhof

挤压小腿后方肌肉，引起局部疼痛，为尼霍夫征阳性。提示小腿深静脉血栓形成。

3 诊断

3.1 危险因素及病史

DVT 发病的主要原因是静脉壁损伤、血流缓慢和血液高凝状态。危险因素包括原发性因素和继发性因素。DVT 的危险因素主要包括：抗凝血酶、蛋白 C 和蛋白 S 的缺乏、高同型半胱氨酸血症；高龄、长期卧床、近期接受较大手术、脑中风、恶性肿瘤、骨折、肢体制动、妊娠、产褥期、各种慢性病、下肢静脉曲张、肥胖、真性红细胞增多症、脓毒血症、免疫性血管炎（如白塞综合征等）、长期口服避孕药；长时间乘坐飞机、火车、汽车等。

3.2 临床表现

发病急骤，患肢肿胀或胀痛，股三角区、腘窝或小腿腓肠肌有明显压痛；患肢均匀性粗肿，胫前凹陷性浮肿；患肢皮肤呈暗红色，温度升高；患肢浅静脉扩张；霍曼征阳性，尼霍夫征阳性。或伴有发热。

根据血栓阻塞部位不同，临床将其分为周围型（腘静脉以远及小腿肌间静脉血栓）、中央型（髂股静脉血栓)、混合型(全下肢深静脉血栓),临床表现也因发病部位不同略有差别。

严重的下肢 DVT 患者可出现股白肿甚至股青肿。

静脉血栓一旦脱落,可随血流进入并堵塞肺动脉,引起肺栓塞的临床表现。

血栓后综合征主要表现为下肢浅静脉怒张或曲张,活动后肢体凹陷性水肿、胀痛,出现皮肤营养障碍改变,如皮肤色素沉着、湿疹样改变,严重者出现足靴区的脂性硬皮症和溃疡。

3.3 疾病分期

根据中医药诊治的特点及问卷调查、专家会议共识,股肿病分为如下两期:

急性期:3 周以内属急性期。

慢性期:3 周以上属慢性期。

3.4 检查

3.4.1 多普勒超声检查

灵敏度、准确性均较高,是 DVT 诊断的首选方法,适用于对患者的筛查和监测。如连续两次超声检查均为阴性,对于低度可疑的患者可以排除诊断,对于高、中度可疑的患者,建议行血管造影等影像学检查。

3.4.2 螺旋 CT 静脉成像

准确性较高,可同时检查腹部、盆腔和下肢深静脉情况。

3.4.3 MRI 静脉成像

能准确显示髂、股、腘静脉血栓,但不能满意地显示小腿静脉血栓。无须使用造影剂。

3.4.4 静脉造影

诊断的"金标准",准确性高,可以判断有无血栓,血栓发生的部位、范围和侧支循环情况。

3.4.5 实验室检查

根据当地条件,结合病人情况,建议查 D - 二聚体、凝血四项、血常规、血沉、C - 反应蛋白、肝肾功能、血糖、血脂,必要时可查血栓弹力图、肿瘤标记物、抗磷脂抗体、同型半胱氨酸及相关免疫学指标等。

D - 二聚体是反映凝血激活及继发性纤溶的特异性分子标志物,诊断急性 DVT 的灵敏度较高(>99%), > 500μg/L(ELISA 法)有重要参考价值。可用于急性 VTE 的筛查、特殊情况下 DVT 的诊断、疗效评估、VTE 复发的危险程度评估。

3.5 鉴别诊断

3.5.1 肢体淋巴水肿

发病缓慢;肿胀多从肢体远端开始,向近心端发展;无浅静脉扩张;后期肿胀为非凹陷性,皮肤粗糙厚韧,呈橘皮样,甚至变形若象皮腿。

3.5.2 单纯性下肢静脉曲张

多见于长期从事站立工作,以大隐静脉、小隐静脉曲张为特点,有下肢沉重、疲劳感,久站或活动后,才出现足踝、小腿轻微肿胀,抬高患肢后肿胀可自行消失。

3.5.3 原发性下肢深静脉瓣膜功能不全

多见于长期从事站立工作、体力劳动者,发病隐匿而缓慢,下肢酸胀沉重、疲劳感,久站或活动后,出现足踝、小腿轻微肿胀,抬高患肢后肿胀可减轻或消失。逐渐出现下肢静脉曲张。

3.5.4 小腿肌纤维炎

小腿疼痛、疲累感,腓肠肌局限性压痛,无肢体肿胀。发病多与风湿、外伤有关。

3.5.5 小腿外伤性血肿

常有小腿外伤史,受伤后,出现小腿肿胀疼痛,皮肤和软组织损伤、瘀血、皮肤青紫,逐渐出现小腿血肿,有压痛,施行局部穿刺,可吸出血性液体。

3.5.6 内科疾病引发水肿

发病缓慢，肢体无疼痛，无浅静脉扩张，双下肢对称性出现，可能伴有胸闷、憋喘、颜面浮肿，甚至少尿、无尿等症状，实验室检查提示心脏、肝脏、肾脏等疾病。

4 辨证

4.1 辨证要点

应根据肢体肿胀的局部表现（肿胀特点、皮色、皮温的变化）结合患者体质、伴随全身症状、舌苔脉象，辨其寒热虚实。

4.2 湿热证

本证相关类似证型包括湿热下注证、湿热瘀滞证、脉络湿热证。

主症：肢体广泛性肿胀，肢体胀痛或剧痛，肢体浅静脉扩张，皮色暗红，皮温升高，或伴有发热，大便干，小便黄赤，舌质红，舌苔黄腻，脉滑数。

4.3 血瘀证

本证相关类似证型包括气滞血瘀证、气虚血瘀证、血脉瘀阻证、血瘀湿重证。

主症：肢体广泛性肿胀，肢体轻度胀痛、沉重，肢体浅静脉扩张，皮肤微血管扩张，肢体皮色暗红，皮温正常，舌质淡紫或有瘀斑，舌苔白，脉弦涩。

4.4 脾肾阳虚证

本证相关类似证型包括脾虚湿阻证、气虚湿阻证。

主症：肢体肿胀，晨轻暮重，久行久站后肢体沉重酸胀、疲乏，伴有腰酸畏寒，身体虚弱，倦怠无力，胃纳减退，口不渴，舌质淡，苔薄白，脉沉细。

5 治疗

5.1 治疗原则

湿热、瘀血为本病形成之关键，亦不可忽视气血亏虚等重要发病因素的作用。因此，治疗原则以清热利湿，活血通络为主，根据全身辨证情况，适当加用益气、健脾、温阳等药物。

股肿病的中医治疗目的在于调动机体抗栓机制、消除下肢瘀血状态、改善血液流变性、促进侧支循环形成、促进血栓机化与再通、减轻肢体症状、减轻静脉血栓后综合征等。

5.2 分证论治

5.2.1 湿热证

清热利湿为其基本治疗原则。本病发生多以瘀血阻于脉中，营血回流受阻，水津外溢，聚而为湿，湿邪郁久化热，湿热相合，下注肢体而发病。湿热为标，血瘀为本，所以在清热利湿同时，适当加用清热活血药物，使瘀血得去，湿热得清。热象明显，可适当加用清热解毒药物，同时顾护胃气，以防苦寒太过。

治法：清热利湿，活血化瘀。（证据级别：Ⅱb，推荐强度：C）

方药一：四妙勇安汤加味。（证据级别：Ⅱb，推荐强度：C）

组成：当归、玄参、金银花、甘草、牛膝、赤芍、黄柏、连翘、红花、紫草、栀子、黄芩。

方药二：三妙散加减。（证据级别：Ⅱa，推荐强度：C）

组成：苍术、黄柏、牛膝、当归、赤芍、丹参、王不留行、延胡索、泽泻、茯苓、车前草、陈皮、白茅根、水蛭。

方药三：清营解瘀汤。（证据级别：Ⅱb，推荐强度：C）

组成：益母草、紫草、紫花地丁、赤芍、牡丹皮、生甘草。

加减：舌质红，脉滑数，热偏重者加水牛角、生石膏、柴胡；苔厚腻黄，湿热偏重者加生（或制）大黄、黄芩、黄柏；重症患者加服清络散（自拟，水牛角粉、牛黄、三七，研成细末，分2次1天内冲服）。

方药四：四妙散加味。（证据级别：Ⅱb，推荐强度：C）

组成：苍术、牛膝、黄柏、薏苡仁、丹参、泽泻、紫草。

方药五：双藤煎剂。（证据级别：Ⅱb，推荐强度：C）

组成：忍冬藤、鸡血藤、牛膝、土茯苓、赤芍、泽兰、桃仁、丹参、虎杖、水蛭、黄芩、青皮、香附、甘草、黄柏、蜈蚣。

5.2.2 血瘀证

活血化瘀，利湿通络为其基本治疗原则。本病的发生多因瘀血阻于脉络，血不利则为水，水聚而为湿，泛溢肌肤而发为肿。本型血瘀为本，兼见湿邪，所以在活血化瘀同时，适当加用利湿药物。血瘀之象明显，可适当加用虫类药物，通络逐瘀；气滞明显者，可适当加用行气药物；气虚明显者，可酌情加用益气药物，达到气行则血行的目的。

治法：活血化瘀，利湿通络。（证据级别：Ⅱb，推荐强度：C）

方药一：活血通脉饮。（证据级别：Ⅱb，推荐强度：C）

组成：丹参、金银花、薏苡仁、赤芍、土茯苓、当归、川芎、猪苓、泽泻。

方药二：活血利湿汤加减。（证据级别：Ⅱb，推荐强度：C）

组成：丹参、赤芍、桃仁、牛膝、赤小豆、薏苡仁、木瓜、泽兰、丝瓜络、生黄芪。

方药三：消栓通脉汤。（证据级别：Ⅱb，推荐强度：C）

组成：赤小豆、水蛭、桃仁、红花、茵陈、苍术、黄柏、赤芍、栀子、金银花、牛膝。

方药四：股肿消协定方。（证据级别：Ⅱb，推荐强度：C）

组成：水蛭、地龙、泽兰、薏苡仁、益母草、当归、赤芍、穿山甲、王不留行、牛膝、苦参、赤小豆、茵陈、麻黄。

方药五：血府逐瘀汤加减。（证据级别：Ⅱb，推荐强度：C）

组成：当归、生地、桃仁、红花、枳壳、赤芍、柴胡、桔梗、白芍、牛膝、薏苡仁、甘草。

5.2.3 脾肾阳虚证

温阳健脾，利湿通络为其基本治疗原则。本证型多见于疾病后遗症期或先天禀赋不足者，脾气不健，不能运化水湿，水湿停聚而发肿胀；肾为水脏主津液，肾的气化功能失常，水液停滞体内而发为水肿。辨证过程中可能存在肾阳亏虚为主或脾气亏虚为主，治疗时可适当侧重于温补肾阳，亦或者侧重于健脾益气，无论脾虚，还是肾虚，最终均以水湿为患，故在治疗过程中加用淡渗利湿药物，才能达到标本兼顾。

本证相关类似证型包括脾虚湿阻证、气虚湿阻证，可参照本型辨证论治。

治法：温肾健脾，利湿通络。（证据级别：Ⅱb，推荐强度：C）

方药一：温阳健脾汤。（证据级别：Ⅱb，推荐强度：C）

组成：黄芪、党参、山药、牛膝、鸡血藤、丹参、木瓜、白术、当归、防己、熟附子、干姜、茯苓、薏苡仁。

方药二：参苓白术散加减。（证据级别：Ⅱb，推荐强度：C）

组成：黄芪、薏苡仁、赤小豆、党参、白扁豆、茯苓、鸡血藤、忍冬藤、土鳖虫、当归、丹参、川芎、牛膝、白术。

方药三：真武汤加减。（证据级别：Ⅱb，推荐强度：C）

组成：茯苓、附子、赤芍、白芍、桂枝、白术、黄芪、泽泻。

5.3 外治法

5.3.1 急性期

急性期多采用中药外敷法。具有活血消肿、祛瘀生新、清热解毒、止痛等功效。

方药一：冰硝散。（证据级别：Ⅱb，推荐强度：C）

组成：芒硝、冰片。二者混匀，装入布袋内，外敷患肢，待布袋湿后，取下，将其晾干后再用，药物成粉末后更换新药。5~7天为一疗程。

方药二：大黄糊剂。（证据级别：Ⅱb，推荐强度：C）

组成：生大黄粉、玉枢丹、面粉等量。用温水、稀醋调匀如糊，涂敷患肢，包裹，隔日换药一次，一般外敷3~5次。

方药三：复方消肿散。（证据级别：Ⅱb，推荐强度：C）

组成：芒硝、红花、冰片。将芒硝、红花、冰片等碎末混匀，装入布袋内，外敷患肢，待布袋湿后，取下，将其晾干后再用。14天后测量肢围。

方药四：双柏散。（证据级别：Ⅱb，推荐强度：C）

组成：侧柏叶、泽兰、黄柏、大黄、薄荷。按体表面积，用水、蜜糖制成双柏散膏，外敷于患肢，每次4小时，每天2次，14天为一疗程。

5.3.2 慢性期

慢性期多采用熏洗疗法。

方药一：活血止痛散。（证据级别：Ⅱb，推荐强度：C）

组成：透骨草、延胡索、当归、姜黄、花椒、海桐皮、威灵仙、羌活、牛膝、乳香、没药、白芷、苏木、红花、五加皮、土茯苓。将上药共为粗末，用纱布包好后，加水煎煮后，过滤去渣，乘热熏洗或溻渍患处，1~2次/天，1小时/次。

方药二：活血消肿洗药。（证据级别：Ⅱb，推荐强度：C）

组成：刘寄奴、海桐皮、苏木、羌活、大黄、当归、红花、白芷。将上药共为粗末，用纱布包好后，加水煎煮后，过滤去渣，趁热熏洗或溻渍患处，1~2次/天，1小时/次。

方药三：解毒洗药。（证据级别：Ⅱb，推荐强度：C）

组成：金银花、蒲公英、连翘、黄柏、苦参、赤芍、牡丹皮、芙蓉叶、甘草。将上药共为粗末，用纱布包好后，加水煎煮后，过滤去渣，趁热熏洗或溻渍患处，1~2次/天，1小时/次。

方药四：

组成：黄芪、桃仁、红花、乳香、没药、木瓜、透骨草、黄柏、丹参、败酱草、蒲公英。加水1500mL，煎半小时，先熏蒸患肢，然后取汁浸泡或温敷患肢，2次/天。（证据级别：Ⅱb，推荐强度：C）

方药五：

组成：马齿苋、苦参、苍术、芒硝、冰片、苏木、伸筋草、乳香、没药、透骨草。把煎好的药液倒入盆内，将患肢架于盆上，用毛巾将患肢及盆口盖严，进行熏蒸，待药液温度适宜时，把患足及腿浸于药液中泡洗，每日2次，每次30分钟。（证据级别：Ⅱb，推荐强度：C）

方药六：

组成：当归、红花、苏木、三棱、丹参、鸡血藤、木通、防己、泽泻、车前子（包）、川芎、牛膝、蜈蚣、地龙、伸筋草、透骨草。

加减方法：患肢红肿、皮肤发热者加黄柏、茵陈，局部溃破流脓者加穿山甲、皂刺；局部溃疡将愈合者加生黄芪；采用医用智能汽疗仪，治疗温度40℃，每日1次，每次30分钟，熏蒸患部。（证据级别：Ⅱb，推荐强度：C）

5.4 中成药

中成药的种类繁多，经文献检索，未有单纯口服中成药治疗下肢深静脉血栓形成的文献，大多配合西医抗凝溶栓治疗，且部分为医院自制剂，本指南未予推荐。在下肢深静脉血栓形成的治疗中，中成药针剂静滴在中西医结合综合疗法中起着一定的作用，能使症状消除，降低血液黏度、改善微循环。本指南推荐具有活血化瘀通络类药物，可根据情况适当选用。（专家共识）

5.5 西医治疗

西医治疗主要以抗凝、溶栓、介入治疗为主，具体参见中华医学会外科分会血管外科学组《深静脉血栓形成的诊断和治疗指南》（2012年版）。

5.6 中西医结合综合疗法

就下肢深静脉血栓形成而言，中西医结合治疗临床应用越来越广泛，但论其功效、弊端，却各有所侧重。中西医结合的治疗方法在不断的研究探索中已被广泛的应用，并在临床治疗过程中，取得了显著的疗效。对于下肢深静脉血栓形成，建议中西医结合综合治疗。（专家共识）

6 预防与调摄

6.1 预防

6.1.1 危险因素的预防

针对下肢DVT的危险因素进行预防，具体参见中华医学会外科分会血管外科学组《深静脉血栓形成的诊断和治疗指南》（2012年版）、中华医学会骨科学分会《中国骨科大手术静脉血栓预防指南》。

6.1.2 物理疗法预防

间歇性充气加压泵或循序减压弹力袜能加速下肢静脉血流速度，改善静脉血液淤滞状态，从而促进下肢血液循环，防止血栓形成。

6.1.3 药物预防

具体参见美国胸科医师协会（ACCP）《抗栓治疗及预防血栓形成指南》第9版（ACCP-9），中华医学会外科分会血管外科学组《深静脉血栓形成的诊断和治疗指南》（2012年版）；中华医学会骨科学分会《中国骨科大手术静脉血栓预防指南》；《中国内科住院患者静脉血栓栓塞症预防的中国专家建议》。

6.1.4 中西医结合综合疗法预防

文献中报道，中西医结合用药预防能明显降低手术后下肢深静脉血栓形成的发生，其疗效与低分子肝素相当，优于阿司匹林和一般预防措施。（证据级别：Ⅱb，推荐强度：C）

6.2 调摄

6.2.1 急性期的调护

建议急性期卧床休息，适度抬高患肢，促进静脉回流，保持大便通畅。

6.2.2 非急性期的调护

非急性期可行轻体力活动，可使用加压治疗（弹力袜或弹力绷带）和间歇气压治疗（又称循环驱动治疗），两者均可促进静脉回流，减轻淤血和水肿，是预防DVT发生和复发的重要措施。对于慢性期患者，建议长期使用弹力袜。

参 考 文 献

［1］中华医学会外科学分会血管外科学组．深静脉血栓形成的诊断和治疗指南（2012 年版）［J］．中华外科杂志，2012，50（7）：611－614.

［2］国家中医药管理局．中医病症诊断疗效标准［M］．南京：中国医药科技出版社，1994：145.

［3］李曰庆．中医外科学（新世纪第二版）［M］．北京：中国中医药出版社，2007：284.

［4］国家中医药管理局．22 个专业 95 个病种中医诊疗方案：股肿（下肢深静脉血栓形成）诊疗方案［M］．2010：221.

［5］中国中西医结合周围血管疾病专业委员会．下肢深静脉血栓形成的诊断及疗效评价标准［S］．1995.

［6］尚德俊，秦红松．中西医结合治疗周围血管疾病．北京：人民卫生出版社，1989：156.

［7］侯玉芬，陈柏楠，周涛．中西医结合治疗下肢深静脉血栓形成 311 例分析［J］．医学研究通讯，1997，26（3）：39－41.

［8］金星，秦红松，尚德俊．中西医结合治疗下肢深静脉血栓形成 206 例临床观察［J］．中国中西医结合杂志，1997，17（5）：267－270.

［9］张志明．中西医结合治疗下肢深静脉血栓形成 103 例［J］．中国中医急症杂志，2002，11（2）：146.

［10］周涛，孙大庆，吴鹏，等．三妙散加减方配合纤溶酶治疗急性下肢深静脉血栓形成临床研究［J］．中国中西医结合杂志，2012，32（7）：918－921.

［11］奚九一，王泰东．清营解瘀汤治疗急性血栓性深静脉炎［J］．中医杂志，1982（3）：34－35.

［12］陈朝晖．陈淑长治疗下肢深静脉血栓形成后综合征经验［J］．中医杂志，2008（12）：46－47.

［13］王海珍．陈淑长治疗股肿经验［J］．山东中医杂志，2008，27（2）：39－41.

［14］代晓宁，吕延伟．中西医结合治疗混和型深静脉血栓形成临床研究［J］．医药产业资讯，2006，3（18）：106－107.

［15］张玉冬，侯玉芬，刘明，等．消栓通脉汤治疗深静脉血栓形成血瘀湿阻证临床研究［J］．中华中医药学刊，2013，31（9）：1959－1961.

［16］李长保．股肿消协定方治疗血瘀湿重型下肢深静脉血栓 60 例［J］．中国中医急症，2009，18（6）：986－987.

［17］赵海明，王悦君．血府逐瘀汤联合尿激酶治疗骨折后下肢深静脉血栓随机平行对照研究［J］．实用中医内科杂志，2014，28（2）：85－87.

［18］赵晓军，刘英．血府逐瘀汤与西医结合治疗下肢深静脉血栓疗效分析［J］．中国误诊学杂志，2010，10（16）：3827.

［19］张练，杜丽苹．中西医结合治疗下肢深静脉血栓形成 231 例［J］．山东中医杂志，2005，32（2）：139－141.

［20］李运元．中西医结合治疗下肢深静脉血栓形成 44 例临床观察［J］．中医药导报，2006，12（12）：45－46.

［21］龚伟．中西医结合治疗术后下肢深静脉血栓 30 例临床观察［J］．江苏中医药，2007，39（11）：41－42.

［22］李奴旺．中西医结合治疗骨科手术后急性下肢深静脉血栓形成的效果评价［J］．光明中医，2014，29（8）：1721－1722．

［23］宋清，邹宗芹，范莹．复方消肿散外敷治疗深静脉血栓形成的疗效观察及护理［J］．国际护理杂志，2010，29（11）：1756－1757．

［24］林雪梅，符梅华，林瑶如，等．双柏散外敷治疗下肢深静脉血栓形成患肢水肿的疗效观察［J］．深圳中西医结合杂志，2011，21（5）：302－304．

［25］尚德俊，秦红松，秦红岩．熏洗疗法［M］．北京：人民卫生出版社，2003：100．

［26］裴代平．中西医结合治疗骨科手术后下肢深静脉血栓形成54例［J］．山东中医杂志，2014，33（1）：46．

［27］陈艳苓，王艳丽．中西医结合治疗下肢深静脉血栓形成临床观察［J］．湖北中医药大学学报，2013，15（1）：54－55．

［28］吴玉泉．中药熏蒸疗法与抗凝剂合用治疗下肢深静脉血栓28例临床观察［J］．北京中医，2006，25（10）：610－612．

［29］李富昌，杨梅云．中西医结合治疗下肢深静脉血栓形成临床观察［J］．光明中医，2013，28（3）：565－566．

［30］陈立伟，贾英杰．盐酸川芎嗪联合小剂量低分子肝素钙治疗恶性肿瘤并发下肢深静脉血栓的临床观察［J］．陕西中医，2015，36（2）：176－177．

［31］于志华，粟保元，唐平，等．丹红注射液联合利伐沙班治疗下肢深静脉血栓形成35例疗效观察［J］．华夏医学，2014，27（4）：73－76．

［32］林强，吴新忠，王海洲，等．灯盏花素注射液在老年髋部骨折围手术期预防静脉血栓栓塞性疾病临床观察［J］．新中医，2011，43（8）：72－73．

［33］顾亚夫，赖尧基，倪正，等．脉络宁治疗三种血栓病的疗效观察及其机理探讨［J］．中国中西医结合杂志，1987，7（12）：718－721．

［34］吕磊，张纪蔚．中西医结合治疗下肢深静脉血栓形成的Meta分析［J］．循证医学，2008，8（2）：90－95．

［35］中华医学会骨科学分会．中国骨科大手术静脉血栓栓塞症预防指南［J］．中华关节外科杂志（电子版），2009，3（3）：380－383。

［36］Gordorn HG，Elie AA，Mark C，et al. Executive Summary：Antithrombotic Therapy and Prevention of Thrombosis，9[th]ed：American College of Chest Physicians Evidene－based Clinical Practice Guidelines［J］．Chest，2012，141：7s－47s．

［37］王辰．内科住院患者静脉血栓栓塞症预防中国专家建议［C］．中华医学会第九次全国老年医学学术会议暨第三届全国老年动脉硬化与周围血管疾病专题研讨会，2009：12－20．

［38］庞智晖，戴雪梅，魏秋实，等．中西结合预防全髋关节置换术后下肢深静脉血栓形成［J］．中国中医骨伤科杂志，2011，19（2）：22－25．

［39］袁铄慧，童培建．中西医结合预防全膝置换术后深静脉血栓形成的临床研究［J］．北京中医药，2009，28（2）：119－120．

ICS 11. 120
C 05

团 体 标 准

T/CACM 1277—2019
代替 ZYYXH/T200—2012

中医外科临床诊疗指南
烧 伤

Clinical guidelines for diagnosis and treatment of surgery in TCM

Burn

2019-01-30 发布

2020-01-01 实施

中华中医药学会 发布

前　　言

本指南按照 GB/T 1.1—2009 给出的规则起草。

本指南代替了 ZYYXH/T 200—2012 中医外科常见病诊疗指南·烧伤，与 ZYYXH/T 200—2012 相比，主要技术变化如下：

——修改了烧伤的定义（见 2.1，2012 年版的 2）；

——修改了烧伤伤情的判断部分内容（见 3.2，2012 年版的 3.1.3）；

——修改了检查（见 3.3，2012 年版的 3.2）；

——修改了辨证（见 4，2012 年版的 4）；

——增加了中医及中西医结合治疗烧伤的范围（见 5.1）；

——修改了烧伤的治疗原则（见 5.1，2012 年版的 5.1）；

——修改了分证论治（见 5.2，2012 年版的 5.2）；

——修改了中成药（见 5.3，2012 年版的 5.3）；

——增加了外治法中的创面用药（见 5.4.1）；

——增加了烧伤湿性医疗技术（见 5.4.2）；

——增加了治疗的推荐强度（见 5）；

——增加了预防与调护（见 6）；

——增加了参考文献。

本指南由中华中医药学会提出并归口。

本指南主要起草单位：广西中医药大学第一附属医院。

本指南参加起草单位：右江民族医学院附属医院、广西中医药大学附属瑞康医院、福建中医药大学附属人民医院、湖北省宜昌市中医医院、陕西中医药大学附属医院、中国中医科学院广安门医院、贺州市中医医院、广西桂林市中医医院、广西北海市中医医院、广西防城港市中医医院、广州市中西医结合医院。

本指南主要起草人：张力、唐乾利、段砚方、黄新、黄小宾、阳旭升、黄志群、黄仲海、杨旭、马拴全、李杰辉、史国恩、莫志和、陈道意、刘风华、刘平洪、狄钾骐、秦耀琼、覃锋、张春霞、刘明。

本指南于 2012 年 7 月首次发布，2019 年 1 月第一次修订。

引　言

烧伤是临床常见疾病，中医诊疗烧伤历史悠久，2012 年发布的 ZYYXH/T 200—2012 中医外科临床诊疗指南·烧伤规范了中医诊治烧伤的临床诊断、治疗，对本病的中医临床诊疗发挥了重要作用。但其主要论述烧伤的内治之法，而对烧伤的外治法介绍极简单，调护及预防均未涉及。基于以上原因，对本指南进行补充、修订、更新就尤为重要。本次修订以循证为基点，力求切合临床实际，以期形成比前版更为科学、规范、严格、实用的循证性烧伤中医临床诊疗指南。

本次修订采用循证方法，在相关数据库中检索并辅以人工查阅，获取了大量文献资料并进行系统筛选和评价。指南修订过程中还使用了德尔菲法进行专家调研，征求同行意见并进行汇总讨论。同时进行了临床一致性评价，避免了指南在实施过程中由于地域差异造成的影响，最大程度上保证指南的科学性、实用性及规范性，以便于烧伤指南的推广实施。

本次修订，专家组反复斟酌烧伤的分证论治，以求更切合临床实际；在烧伤的外治法中推荐了一些文献报道较多的创面用药并给出推荐强度及证据级别，同时着重推荐了烧伤湿性医疗技术；增加了烧伤的预防与调护，并补充了相关参考文献。

中医治疗烧伤的特色和优势在于烧伤创面的用药和处理。用于烧伤创面的中药制剂繁多，但多为院内制剂，缺乏基础研究和实验研究，不作推荐。本指南仅对具有"国药准字"的烧伤创面常用药进行推荐。

中医外科临床诊疗指南 烧伤

1 范围

本指南规定了烧伤的定义、诊断、辨证、治疗、预防与调护。

本指南适用于烧伤的诊断和治疗。

2 术语和定义

下列术语和定义适用于本指南。

2.1

烧伤 Burn

烧伤是由于热力（火焰、灼热的气体、液体或固体）、电能、化学物质、放射线等作用于人体而引起的一种急性损伤性疾病，常伤于局部，波及全身，可出现严重的全身性并发症。本病西医学也称烧伤。

3 诊断

3.1 临床表现

轻度烧伤的面积较小，一般无全身表现，仅有局部皮肤潮红、肿胀，剧烈灼痛，或有水疱。重度烧伤面积大，创伤深，多因火毒炽盛，入于营血，甚至内攻脏腑而出现严重的全身症状。

3.2 烧伤伤情的判断

3.2.1 烧伤面积计算

3.2.1.1 手掌法

不论性别、年龄，病人并指的掌面面积约占体表面积的1%，如医者的手掌大小与病人相近，可用医者手掌估算。此法可辅助九分法，用于小面积或散在烧伤面积的计算。

3.1.1.2 中国九分法

按全身体表面积划分为11个9%的等份，另加1%，构成100%的体表面积，即成人头、面、颈部为9%；双上肢为2×9%；躯干前后包括会阴部为3×9%；双下肢包括臀部为5×9%+1%=46%。

3.1.1.3 儿童烧伤面积计算法

小儿的躯干和双上肢的体表面积所占百分比与成人相似，特点是头大下肢小，随着年龄的增长，其比例也不同。12岁以下儿童，年纪越小，头越大，下肢越小，可按下法计算：

头面颈部面积百分比 = [9 + (12 - 年龄)]%。

双下肢及臀部面积百分比 = [46 - (12 - 年龄)]%。

3.2.2 烧伤深度的判断

3.2.2.1 烧伤深度判断原则

目前临床上多采用三度四分法，即Ⅰ度、Ⅱ度（又分为浅Ⅱ度和深Ⅱ度）、Ⅲ度。其中Ⅰ度、浅Ⅱ度烧伤一般称为浅度烧伤；深Ⅱ度和Ⅲ度烧伤则属深度烧伤。

3.2.2.2 Ⅰ度烧伤（红斑性烧伤）

表面呈红斑状，干燥无渗出，有烧灼感，3~7天痊愈，短期内可有色素沉着。

3.2.2.3 浅Ⅱ度烧伤（水疱性烧伤）

局部红肿明显，有薄壁大水疱形成，内含淡黄色澄清液体，水疱皮如被剥脱，可见创面红润、潮湿，疼痛明显。如不发生感染及再损伤，1~2周内可愈合，一般不留瘢痕，多数有色素沉着。

3.2.2.4 深Ⅱ度烧伤（水疱性烧伤）

可有水疱，但去疱皮后创面微湿，红白相间，痛觉较迟钝。如不发生感染及再损伤，3~4周可愈合，常有瘢痕形成。

3.2.2.5 Ⅲ度烧伤（焦痂性烧伤）

创面无水疱，呈蜡白或焦黄色，甚至炭化，痛觉消失，局部温度低，皮层凝固性坏死后形成焦痂，触之如皮革，痂下可见树枝状栓塞的血管。一般均需植皮才能愈合，愈合后有瘢痕，常形成畸形，甚则难以自愈。

3.2.3 烧伤伤情分度原则

应根据面积、深度、部位、年龄、原因以及有无复合伤和基础疾病等综合判断，最基本的两个方面是烧伤面积和深度。烧伤面积越大、越深就越严重，反之则轻。Ⅰ度烧伤一般不计算烧伤面积。烧伤的深度可因时间、条件而继续发展，如在烧伤后48小时左右，Ⅰ度烧伤可因组织反应继续进行而转变为浅Ⅱ度；同时，烧伤创面由于再损伤、创面感染及处理不当等可加深创面。因此，在烧伤48小时后和创面愈合过程中，应分别对损伤深度重新复核。

为了对烧伤严重程度有一基本估计，作为设计治疗方案的参考，采用下表进行分度（表1）：

表1　烧伤伤情

	成人		12岁以下小儿	
	Ⅱ度以上	Ⅲ度	Ⅱ度以上	Ⅲ度
轻度	<10%		<5%	
中度	11%～30%	<10%	6%～15%	<5%
重度	31%～50%	11%～20%	15%～25%	5%～10%
特重	>50%	>20%	>25%	>10%

注：已经发生休克等并发症、呼吸道烧伤或有较重的复合伤均属重度烧伤。已经有严重并发症者属特重烧伤。

西医学根据烧伤病理生理特点，将强烧伤病程大致分为急性体液渗出期（休克期）、感染期以及修复期三期，但这是人为的分期，各期之间往往互相重叠。

3.3 检查

3.3.1 血、尿常规检查

烧伤后常出现白细胞计数上升和中性粒细胞比例增高，并出现中毒颗粒。大面积或中等程度以上烧伤早期可出现血液浓缩现象，血浆中游离血红蛋白增多，常出现血红蛋白尿。

3.3.2 血液生化检查

休克时可出现电解质紊乱、低蛋白血症、酸中毒等，肝、肾功能出现继发性损害时可出现异常。

3.3.3 创面分泌物及血培养加药物敏感试验

可明确感染病原菌及敏感药物。

3.3.4 其他

血气分析、心电图等可作为烧伤后的监测指标。

4 辨证

4.1 热伤营卫证

症状：热伤营卫为烧伤的基本病机和基本证型。有局部症状而无全身症状者都归于此证。

病机：热力直接作用于肌表，损伤皮肤，卫气受损首当其冲，营卫不从，卫失固护，营失镇守，营阴外渗而为水疱、渗出，热力为患则可见皮肤灼热、潮红。

4.2 火毒伤津证

症状：烧伤后出现壮热烦躁，口干喜饮，便秘尿赤；舌红绛而干，苔黄或黄糙，或舌光无苔，脉洪数或弦细数。

病机：热力灼伤阴液，营阴外渗过度，津液亏损。

4.3 阴伤阳脱证

症状：烧伤后出现神疲倦卧，面色苍白，呼吸气微，表情淡漠，嗜睡，自汗肢冷，体温不高反低，尿少；全身或局部水肿，创面大量液体渗出；舌淡暗苔灰黑，或舌淡嫩无苔，脉微欲绝或虚大无力。

病机：营阴大量外渗至阴伤，阴伤致阳无所附，气随液脱，而成厥脱之变。

4.4 火毒内陷证

症状：烧伤后壮热不退，口干唇燥，躁动不安，大便秘结，小便短赤；舌红绛而干，苔黄或黄糙，或焦干起刺，脉弦数。若火毒传心，可见烦躁不安，神昏谵语；若火毒传肺，可见呼吸气粗，鼻翼扇动，咳嗽痰鸣，痰中带血；若火毒传肝，可见黄疸，双目上视，痉挛抽搐；若火毒传脾，可见腹胀便结，便溏黏臭，恶心呕吐，不思饮食，或有呕血、便血；若火毒传肾，可见浮肿，尿血或尿闭。

病机：热甚则火毒内攻或复感他邪，内入营血，内攻脏腑。

4.5 气血两虚证

症状：疾病后期，火毒渐退，低热或不发热，精神疲倦，气短懒言，形体消瘦，面色无华，食欲不振，自汗盗汗；创面肉芽色淡，愈合迟缓；舌淡，苔薄白或薄黄，脉细弱。

病机：烧伤日久，纳少失多，加之正气抗邪损耗，终至邪恋而气血亏虚。

4.6 脾虚阴伤证

症状：疾病后期，火毒已退，脾胃虚弱，阴津耗损，面色萎黄，纳呆食少，腹胀便溏，口干少津，或口舌生糜；舌暗红而干，苔花剥或光滑无苔，脉细数。

病机：火毒已退，脾胃虚弱，阴津耗损，而致脾虚阴伤。

5 治疗

5.1 治疗原则

小面积轻度烧伤可单用外治法；大面积重度烧伤必须内外兼治，中西医结合治疗。内治以清热解毒、益气养阴为主；外治在于正确处理烧伤创面，保持创面清洁，预防和控制感染，促进创面愈合，减少瘢痕形成。

本指南主要规定了烧伤的中医诊断、辨证和治疗，具体牵涉到烧伤急性体液渗出期（休克期）、感染期的抗休克、抗感染等治疗则需严格参照西医相关诊疗指南。

5.2 分证论治

5.2.1 热伤营卫证

治法：损伤轻微，外治为主，不推荐内治。

5.2.2 火毒伤津证

治法：清热解毒，益气养阴。

方药一：白虎加人参汤（《伤寒论》）加减。（证据级别：Ⅱb级，推荐强度：C）

组成：知母、石膏（先煎）、人参、甘草、粳米等。

加减：口干甚者加鲜石斛、天花粉；便秘加生大黄；尿赤加白茅根、淡竹叶等。

方药二：黄连解毒汤（《外台秘要》）加减。（证据级别：Ⅳ级，推荐强度：C）

组成：黄连、黄芩、山栀、黄柏等。烧伤患者多伴脾胃损伤，黄连解毒汤中均为苦寒之品，苦寒更败脾伤胃，故临床慎重选择。

5.2.3 阴伤阳脱证

治法：回阳救逆，益气护阴。

方药一：参附汤（《正体类要》）加减。（证据级别：Ⅱa级，推荐强度：B）

组成：炮附子、人参等。临床上可与生脉散合方应用。

方药二：生脉散（《内外伤辨惑论》）。（证据级别：Ⅱb级，推荐强度：C）

组成：制附子、干姜、炙甘草、人参、麦冬、五味子等。

加减：冷汗淋漓加煅龙骨（先煎）、煅牡蛎（先煎）、黄芪、白芍。临床上可与参附汤合方应用。

5.2.4 火毒内陷证

治法：清营凉血，清热解毒。

方药一：清营汤加减（《温病条辨》）。（证据级别：Ⅱb级，推荐强度：B）

组成：水牛角（先煎3小时或研末）、生地黄、金银花、连翘、玄参、黄连、竹叶心、丹参、麦冬、赤芍、牡丹皮等。

加减：神昏谵语者，加服安宫牛黄丸或紫雪丹。

方药二：犀角地黄汤加减（《奇效良方》）。（证据级别：Ⅲa级，推荐强度：C）

组成：水牛角（先煎3小时或研末）、生地黄、牡丹皮、芍药。

5.2.5 气血两虚证

治法：补气养血，兼清余毒。

方药：托里消毒散（《外科正宗》）加减。（证据级别：Ⅲa级证据，推荐强度：C）

组成：人参、黄芪、当归、川芎、芍药、白术、茯苓、金银花、白芷、甘草等。

5.2.6 脾虚阴伤证

治法：补气健脾，益胃养阴。

方药：益胃汤（《温病条辨》）合参苓白术散加减。（证据级别：Ⅱb级，推荐强度：B）

组成：沙参、麦冬、生地黄、玉竹、白扁豆、白术、茯苓、甘草、桔梗、莲子、人参、山药、薏苡仁等。

5.3 中成药

5.3.1 血必净注射液

推荐用于烧伤重度感染脓毒血症及多器官功能不全综合征。（证据级别：Ⅰa级，推荐强度：A）

用法：全身炎性反应综合征可予50mL加生理盐水100mL静脉滴注，在30～40分钟内滴毕，一天2次，病情重者一天3次。多器官功能不全综合征可予100mL加生理盐水100mL静脉滴注，在30～40分钟内滴毕，一天2次，病情重者一天3～4次。

5.3.2 安宫牛黄丸

推荐用于烧伤后感染性休克，尤其是高热昏迷者。（证据级别：Ⅱb级，推荐强度：B）

用法：口服。一次1丸，一日1次；小儿3岁以内一次1/4丸，4～6岁一次1/2丸，一日1次；或遵医嘱。

5.4 外治法

5.4.1 创面用药

湿润烧伤膏，用于各种烧、烫、灼伤。配合烧伤湿性医疗技术应用。（证据级别：Ⅰa级，推荐强度：A）

紫花烧伤膏，用于轻度水火烫伤。按烧伤常规清创后，将药膏均匀涂敷于患处，一日1～2次，采用湿润暴露疗法。（证据级别：Ⅱb级，推荐强度：B）

康复新液，用于轻度烧伤。尤其适用于烧伤后期残余创面。按烧伤常规清创后，用医用纱布浸透药液后敷患处，一日1～2次。（证据级别：Ⅱb级，推荐强度：B）

复方雪莲烧伤膏，用于各种原因引起的中小面积浅Ⅱ度、深Ⅱ度烧伤。按烧伤常规清创后，每80cm²涂5g药量，面积较大者用暴露疗法，面积较小者用无菌纱布包扎。创面红肿、分泌物多者每日换药一次；创面分泌物少、红肿不明显，每日或隔日换药一次。（证据级别：Ⅱb级，推荐强度：B）

珍石烧伤膏，用于面积不超过10%的浅、深Ⅱ度烧伤。按烧伤常规清创后，将药物均匀涂于无菌纱布上，涂药厚1~2mm，敷于创面，包扎固定，隔日换药一次。（证据级别：Ⅱb级，推荐强度：B）

京万红软膏，用于轻度烧伤。按烧伤常规清创后，涂敷本品或将本品涂于消毒纱布上，敷于创面，消毒纱布包扎，每日换药一次。（证据级别：Ⅱb级，推荐强度：C）

复方黄柏液涂剂，用于小面积烧伤感染创面，尤其用于脓多而有异臭者。按烧伤常规清洁创面后，药液浸泡纱布条，外敷于创面，一日1~2次。（证据级别：Ⅱb级，推荐强度：C）

5.4.2 烧伤创面治疗

烧伤创面处理从创面环境的角度言，有干性和湿性之别；从创面的封闭性言，有暴露与包扎之别；从清创的方式言，有彻底清创（鲸吞清创）和分次清创（蚕食清创）之别。临床上可根据患者身体状况、创面情况（大小、部位、深度等）及医院诊疗水平等综合考量后，选择适合的方法。

——干燥与湿润：传统的中医烧伤创面治疗以干性为主，而湿性成为烧伤创面中医治疗的趋势。烧伤湿性医疗技术是其范例。烧伤湿性医疗技术以湿润烧伤膏为治疗药物，将烧伤组织置于生理湿润环境下，以液化方式排除创面坏死组织，通过原位干细胞培植或组织培植的方式使皮肤等组织再生，以达到使烧伤创面愈合的目的。该技术广泛用于各种烧伤治疗，具体操作流程参照相关规范和指南。（证据级别：Ⅰa级，推荐强度：A）

——暴露与包扎：一般而言，烧伤发生于四肢或面积较小者，一般采用包扎疗法；发生于头面、会阴或面积较大，或伴有明显感染者多采用暴露疗法。

——彻底清创与分次清创：需植皮者多采用彻底清创。中医治疗多在创面药物的辅助下采用分次清创。

6 预防与调护

6.1 烧伤的预防

加强劳动保护。生活中应正确使用和规避可能导致烧伤的热源。加强预防烧伤的相关知识和技能的宣传普及教育。

6.2 烧伤创面的护理

6.2.1 预防或减少创面感染的机会

保持环境的洁净，所有接触创面的物品和药物应严格消毒，一切治疗操作均应严格遵守无菌操作。

6.2.2 创造适宜创面良好生长的环境

创面采用湿润暴露疗法时，要注意及时清除创面液化物，及时补充外治药物，保持创面润而不湿的环境；创面采用包扎方法时，如敷料被渗出物浸透应及时更换。

6.2.3 避免附加的损伤

卧床患者应定时翻身，避免创面长时受压。婴幼儿患者应注意抱持姿势和时间，避免创面长时受压，尽可能让患儿保持安静以防哭闹加重创面损伤。及时清除溢漏于创面周围的药物及渗出物，保持创面周围的干燥清洁，以防浸渍、感染及过敏。

6.3 烧伤的整体调护

6.3.1 畅情志

烧伤治疗全程应鼓励患者树立战胜创伤的信念，勇于面对烧伤可能造成的残疾，鼓励遗留残疾的患者重新融入社会。

6.3.2 调饮食

在医嘱的指导下指导患者饮食：早期可进食清热养阴的食品，如绿豆汤、西瓜汁、水果露、银花甘草汤等代茶频服；后期注意脾胃和气血的调补。治疗期间多食新鲜蔬菜、水果、禽蛋、瘦肉等。忌食辛辣、肥腻、鱼腥等生发之品。

6.3.3　适寒温

大面积烧伤患者住院后实施无菌隔离1~2周，病室要注意通风及保暖，保持干燥。采用烧伤湿性医疗技术的治疗者病房应保持适当的湿度。

6.3.4　适劳逸

烧伤患者必须保证充足的睡眠。对于能活动的患者，早期鼓励并指导其进行功能锻炼。

6.3.5　康复

鼓励和指导患者早期进行康复锻炼。烧伤创面愈合后，暴露部位1个月内避免阳光直晒，以免加重色素沉着。深度烧伤创面愈合后期，注意加强功能锻炼及防瘢痕治疗。

参 考 文 献

[1] 唐乾利．烧伤皮肤再生医疗技术临床应用规范［M］．北京：中国中医药出版社，2013：23 - 22.

[2] 李乃卿．中西医结合外科学［M］．北京：中国中医药出版社，2005：201 - 205.

[3] 覃文玺，张春霞，张力，等．白虎加人参汤对重度烧伤大鼠早期炎症反应的影响［J］．广西中医药，2012，35（1）：55 - 57.

[4] 覃文玺，唐乾利，伍松合，等．白虎加人参汤对烧伤大鼠早期心肌保护作用的实验研究［J］．广西中医学院学报，2007，10（4）：3 - 6.

[5] 李曰庆，何清湖．中医外科学［M］．北京：中国中医药出版社，2012：326.

[6] 中华中医药学会．中医外科常见诊疗指南［M］．北京：中国中医药出版社，2012：59.

[7] 刘宇娜，郑思道，吴红金．对 MEDLINE 收录参附汤相关文献的分析［J］．世界中西医结合杂志，2012，7（11）：921 - 925.

[8] 黎清标，刘新．参附注射液在抢救重度失血性休克中的临床应用［J］．广东医学院学报，1999，17（2）：42 - 50.

[9] 高玉萍，牟亚琳．参附注射液在失血性休克早期复苏中的疗效观察［J］．陕西中医，2012，33（2）：49 - 151.

[10] 文磊，郑有顺，余林中．参附汤及其加味的药理作用研究概况［J］．中药药理与临床，1999，15（1）：48 - 50.

[11] 彭明勇，李艳．生脉散的临床应用及药理研究［J］．中国医药指南，2012，10（1）：224 - 226.

[12] 王志忠．生脉散在大面积烧伤后期治疗中的应用［J］．现代中西医结合杂志，2003，12（6）：613 - 614.

[13] 宋乃光，赵岩松，马小丽，等．清营汤对烧伤小鼠治疗作用机理的实验研究［J］．北京中医药大学学报，2002，25（1）：32 - 34.

[14] 刘斌，韩俊泉，王红，等．石建华教授对于清营汤治疗脓毒血症的临床体会［J］．内蒙古中医药，2015，34（11）：49.

[15] 计高荣，何淼，张卓成，等．清营汤结合西医常规疗法治疗脓毒症临床观察［J］．上海中医药大学学报，2015（4）：27 - 29.

[16] 陈红风．中医外科学［M］．北京：中国中医药出版社，2016：333.

[17] 李建杰．犀角地黄汤的临床应用体会［J］．中国中医药应用杂志，2012，19（9）：89 - 90.

[18] 李月彩，李成福，李同宪．中医外感热病学对感染性全身炎症反应综合征的认识［J］．中国中西医结合急救杂志，2002，9（2）：63 - 64.

[19] 李春耕，丛坤．中西医结合治疗重度烧伤中期患者 50 例［J］．山东中医杂志，2014（7）：567 - 568.

[20] 陈鹏．托里消毒散结合负压封闭引流治疗气虚血瘀型慢性四肢感染性创面的临床研究［D］．福州：福建中医药大学，2013.

[21] 林斌．中医辨证治疗烧伤 104 例［J］．中国中医药现代远程教育，2016，14（17）：60 - 62.

[22] 朱树昌，龙冰，潘沁心，等．中药汤剂联合原位再生复原技术治疗大面积烧伤后期残余创面的

疗效观察［J］．中国烧伤创疡杂志，2014，26（5）：315－318.

［23］朱树昌．中西医结合治疗大面积烧伤修复期胃肠功能障碍35例［J］．中国中医药现代远程教育，2010，8（15）：53－54.

［24］张玉岩．血必净注射液治疗烧伤并发脓毒症67例临床疗效分析［J］．中国医药指南，2015，13（25）：72－73.

［25］李俊，郭金香，李传吉，等．血必净治疗大面积深度烧伤54例疗效分析［J］．实用中西医结合临床，2010，10（6）：12－13.

［26］董天皞，张桂萍，董凯，等．血必净注射液治疗脓毒症作用机制的研究进展［J］．中国中西医结合急救杂志，2016，23（5）：554－557.

［27］何健卓，谭展鹏，张敏州，等．血必净注射液对严重脓毒症患者血流动力学及内皮功能影响的前瞻性研究［J］．中华危重病急救医学，2015，27（2）：127－132.

［28］高洁．孔令博．刘斯．等．血必净注射液治疗脓毒症及多器官功能障碍综合征的前瞻性多中心临床研究［J］．中华危重病急救医学，2015，27（6）：465－470.

［29］王肖蓉，孙荣智．安宫牛黄丸治疗败血症的体会［J］．河南医药信息，2002，10（11）：70－71.

［30］李俊．安宫牛黄丸对脓毒症大鼠JAK/STAT通路的干预作用［D］．广州：广州中医药大学，2010.

［31］孟凡勇．中西医结合治疗小儿烧伤后惊厥的临床疗效观察［J］．中西医结合研究，2014，17（24）：2890－2891.

［32］肖蓉王．中西医结合抢救烧伤休克［J］．河南医药信息，2002，10（4）：48.

［33］李崇进，田徽，阮期平，等．中医药治疗烧伤的进展［J］．中国现代医师，2008，46（15）：124－126.

［34］庞宗超．李回斌．中医药治疗烧伤的研究进展［J］．中国中西医结合急救杂志，2014，21（2）：147－148.

［35］徐荣祥．烧伤治疗大全［M］．北京：中国科学技术出版社，2008.

［36］赵俊祥，李天宇，等．烧伤皮肤再生修复的临床疗效观察［J］．中国烧伤创疡杂志，2003，15（2）：90－93.

［37］唐乾利，张力，陈永翀，等．MEBT/MEBO治疗各类烧伤2031例临床分析［J］．中国烧伤创疡杂志，2004，16（2）：98－101.

［38］张向清，赵俊祥，罗成群，等．烧伤湿性医疗技术的临床试验总结报告［M］//中国中西医结合学会烧伤专业委员会．烧伤医疗技术蓝皮书：第一卷．北京：中国医药科技出版社，2000：112－118.

［39］岑斌．湿性医疗技术治疗烧伤108例临床观察［J］．中国烧伤创疡杂志，2004，16（2）：104－107.

［40］赵贤忠，孙记燕，丁伟．美宝湿润烧伤膏再生疗法与磺胺嘧啶银霜抗炎疗法治疗大面积烧伤的比较研究［J］．中国中西医结合外科杂志，2007，13（4）：333－336.

［41］王志美，郑玉红，王玉美，等．烧伤皮肤再生医疗技术治疗小儿烧伤临床疗效观察［J］．中国烧伤创疡杂志．2014，26（1）：15－22.

［42］李洁，彭程，仲昭，等．湿润烧伤膏对 SD 大鼠深Ⅱ度烫伤创面的影响及机制探讨 ［J］．中国烧伤创疡杂志．2015，27 （5）：326 – 334.

［43］王权胜，唐乾利，等．MEBT/MEBO 阻止深Ⅱ度烧伤创面进行性加深机制的实验研究 ［J］．中国烧伤创疡杂志，2006，18 （4）：256 – 259.

［44］V・贾亚拉曼．湿润烧伤膏在烧伤创面治疗中的作用 ［J］．中国烧伤创疡杂志，2012，24 （5）：356.

［45］高伟，张宝泉．杨新刚．紫花烧伤膏治疗烧伤 500 例体会 ［J］．时珍国医国药，2001，12 （7）：633.

［46］陈永翀．紫花烧伤膏治疗Ⅱ度烧伤临床疗效分析 ［J］．华夏医学，2001，14 （4）：429 – 431.

［47］龚黎明，何蔚，杨霞军，等．紫花烧伤膏在浅Ⅱ度烧伤创面中的应用效果 ［J］．中国当代医药，2014，21 （18）：76 – 78.

［48］首家保，毛庆龙，杨小辉．紫花烧伤膏治疗颜面部深Ⅱ度烧伤的疗效观察 ［J］．右江医学，2005，33 （2）：156 – 157.

［49］房国荣．康复新液治疗烧伤疗效观察 50 例 ［J］．中国中医药指南，2012，10 （10）：306 – 307.

［50］高兵权，郭金龙，刘海鹰，等．康复新液联合生长因子治疗Ⅱ度烧伤创面临床效果研究 ［J］．青岛医药卫生，2016，48 （5）：324 – 326.

［51］王德华，高亮．康复新液治疗烧伤残余创面 40 例观察 ［J］．实用中医药杂志，2007，23 （9）：565.

［52］徐慧．康复新液超声雾化在烧伤残余创面中的应用 ［J］．世界最新医学信息文摘，2016，70 （16）：142.

［53］赵云伟．康复新液治疗浅中度烧烫伤的 90 例临床分析 ［J］．中外医疗，2016，35 （21）：117 – 118，157.

［54］祝伟建，陈文美．徐溪．复方雪莲烧伤膏治疗深Ⅱ度烧伤疗效观察 ［J］．中国基层医药，2012，19 （19）：2930 – 2931.

［55］张茵华，蔡良良．陈碧君．复方雪莲烧伤膏治疗深Ⅱ°烧伤创面 30 例临床观察 ［J］．中医药导报医药，2012，18 （5）：34 – 35.

［56］蔡绍晖，唐琼，陈嘉钰，等．复方雪莲烧伤膏促创面愈合、抗炎作用研究 ［J］．中成药，1999，21 （5）：245 – 246.

［57］刘艳，陈璟，王淑珍．珍石烧伤膏治疗小面积深度烧伤创面的疗效观察 ［J］．中国伤残医学，2014，22 （3）：89 – 90.

［58］闫晓航，珍石烧伤膏治疗Ⅱ度烧伤创面 157 例疗效分析 ［J］．中国实用医药，2007，2 （32）：110.

［59］孙维国，齐亚灵，唐力．珍石烧伤膏对 wistar 大鼠深Ⅱ°烧伤创面愈合影响的研究 ［J］．中国美容医学，2013，22 （8）：836 – 839.

［60］程小平，程志华，彭文方，等．珍石烧伤膏在Ⅱ度烧伤创面中的应用 ［J］．中国临床研究，2012，25 （5）：507.

［61］贾祥庚．京万红软膏治疗水泥烧伤 120 例 ［J］．哈尔滨医药，2011，21 （4）：20.

［62］张密霞，王景文，张德生，等．京万红软膏对烫伤及创伤大鼠创面愈合、瘢痕形成的影响

［J］．中华中医药杂志，2015，30（8）：3007 - 3010.

［63］冯大江，袁建军，路遥，等．碘伏京万红混和剂包扎治疗小面积Ⅱ度烧伤97例［J］．中外医疗，2012，31（9）：104.

［64］陈红霞，陈瑞云．复方黄柏液的研制与临床观察［J］．西北医学杂志，1995，10（5）：224.

［65］刘庆伟．复方黄柏液联合湿润烧伤膏治疗外伤性感染临床观察［J］．社区医学杂志，2015，13（4）：87 - 88.

［66］方进勇，陈志坚，高士华．烧伤原位再生复原技术的烧伤创面处理及终点标准规范［J］．中国烧伤创疡杂志，2013，25（1）：1 - 20.

ICS 11.120
C 05

团 体 标 准

T/CACM 1304—2019
代替 ZYYXH/T202—2012

中医外科临床诊疗指南
肠　　痈

Clinical guidelines for diagnosis and treatment of surgery in TCM
Intestinal abscess

2019-01-30 发布　　　　　　　　　　　　　　　　2020-01-01 实施

中华中医药学会 发布

前　言

本指南按照 GB/T 1.1—2009 给出的规则起草。

本指南代替了 ZYYXH/T 202—2012 中医外科常见病诊疗指南·肠痈，与 ZYYXH/T202—2012 相比，主要技术变化如下：

——修改了肠痈的定义（见 2，2012 年版的 2）；

——修改了诊断要点（见 3.1，2012 年版的 3.1.1）；

——修改了实验室检查（见 3.2.1，2012 年版的 3.1.2.1）；

——修改了影像学诊断（见 3.2.2，2012 年版的 3.1.2.2）；

——增加了内镜检查（见 3.2.3）；

——增加了与胃、十二指肠溃疡穿孔的鉴别（见 3.3.1）；

——修改了辨证（见 4，2012 年版的 4）；

——修改了治疗原则（见 5.1，2012 年版的 5.1）；

——修改了分证论证（见 5.2，2012 年版的 5.2）；

——修改了外治法（见 5.3，2012 年版的 5.4）；

——增加了针刺法的体针（见 5.4.1）；

——增加了手术（见 5.5）；

——删除了中成药（见 2012 年版的 5.3）；

——增加了治疗的推荐等级（见 5）；

——增加了预防与调护（见 6）；

——增加了参考文献。

本指南由中华中医药学会提出并归口。

本指南主要起草单位：陕西中医药大学附属医院。

本指南参加起草单位：上海中医药大学附属龙华医院，安徽中医药大学第一附属医院，成都中医药大学附属医院，湖北中医药大学附属医院，云南中医药大学第一附属医院，贵州省中医医院，陕西省中医医院，西安市中医医院，凤翔县中医医院。

本指南主要起草人：侯俊明、田博、张育军、于庆生、章学林、王绍明、高文喜、李卿明、陈天波、王耿、李智、赵宇斌、谭从娥、孙建飞、韩琳、张泳、范小璇、王磊。

本指南于 2012 年 7 月首次发布，2019 年 1 月第一次修订。

引　言

　　肠痈是外科常见病，中医药对该病的治疗有着悠久的历史和丰富的经验。历代医家对肠痈病因病机及辨证论治的观点较为纷杂。2012 年发布的《中医外科临床诊疗指南·肠痈》（以下简称"指南"）对本病的中医临床诊疗发挥了重要作用。但经过临床应用发现，该指南尚存在一些问题，如中医外治法缺少详细的操作方法，中成药的选用不符合临床实际，欠缺预防与调护措施等。基于以上原因，对本指南进行补充、修订、更新就尤为重要。本次修订依据临床研究的最新进展和技术方法，以期形成比前版更为科学、规范、严格、实用的新版循证性肠痈中医临床诊疗指南。

　　本指南的修订基于循证医学证据的收集、古代和现代文献的评价、古今中医专家经验的搜集和整理，按照指南相关内容进行统计分析，参照德尔菲法进行专家调查问卷，将循证证据和专家共识进行结合。同时，此次修订工作开展了临床一致性评价及方法学质量评价，避免了指南在实施过程中由于地域差异造成的影响，最大程度上保证指南的科学性、实用性及规范性，以便于肠痈指南的推广实施。

　　修订后的指南对肠痈的鉴别诊断进行调整，突出最易误诊的疾病；对证候及方药进行统一，易于临床推广应用；突出了外治法的临床应用；增加了肠痈的预防与调护，并补充了相关参考文献。

中医外科临床诊疗指南　肠痈

1　范围

本指南规定了肠痈的定义、诊断、辨证、治疗、预防与调护。

本指南适用于肠痈的诊断和治疗。

2　术语和定义

下列术语和定义适用于本指南。

2.1

肠痈 Intestinal abscess

肠痈是指痈疽之发于肠部者，以右下腹疼痛拘急、发热或右下腹触及包块为主要表现，相当于西医的阑尾炎。

2.2

麦氏点 McBurney's point

右髂前上棘与脐连线的中、外 1/3 交界处。

3　诊断

3.1　诊断要点

腹痛多起于上腹部，数小时（6~8 小时）后，腹痛转移并固定在右下腹部。70% ~80% 的病人有典型的转移性右下腹痛，但也有一部分病例发病开始即出现右下腹痛。右下腹压痛是本病常见的重要体征，压痛点通常在麦氏点，可随阑尾位置变异而改变，但压痛点始终在一个固定的位置上。两侧足三里、上巨虚穴附近（阑尾穴）可有压痛点。一般伴有乏力，纳差，恶心欲吐，舌淡，苔白腻或淡黄，脉弦滑或弦紧等。

3.2　检查

3.2.1　实验室检查

大多数患者的白细胞计数和中性粒细胞比例增高，白细胞计数可升高到（10~20）×10^9/L，可发生核左移。部分急性单纯性阑尾炎或老年患者的白细胞无明显升高。盲肠后位阑尾炎可刺激右侧输尿管，尿检中可出现少量红细胞或白细胞。

3.2.2　影像学检查

3.2.2.1　腹部超声检查

右下腹超声检查有时可见阑尾肿大，或其周围渗出，或包裹性液性暗区形成，或发现回盲部肿瘤。

3.2.2.2　X 线检查

腹部平片通常无特殊发现，慢性阑尾炎钡剂灌肠可见阑尾细长扭曲、腔内狭窄，偶然可见钙化的粪石和异形物影。

3.2.2.3　CT 检查

下腹部 CT 检查可有助于阑尾周围脓肿及回盲部肿瘤的判断。

3.2.3　内镜检查

结肠镜检查：有助于排除结肠肿瘤。

3.3 鉴别诊断

3.3.1 胃、十二指肠溃疡穿孔

穿孔后溢液可沿升结肠旁沟流至右下腹部。似急性阑尾炎的转移性腹痛。病人多有溃疡病史，突发上腹剧痛，迅速蔓延至全腹，除右下腹压痛外，上腹仍具疼痛和压痛，腹肌板状强直，肠鸣音消失，可出现休克。多有肝浊音界消失，X线透视或立位腹部平片可见腹腔游离气体。如诊断有困难，可行诊断性腹腔穿刺。

3.3.2 右侧输尿管结石

腹痛多在右下腹，为突发性绞痛，并向四周或外生殖器部位放射，腹痛剧烈，但体征不明显。肾区叩痛，尿液检查有红细胞。超声检查表现为患侧特殊结石声影或合并肾积水及输尿管扩张等。X线、CT检查在输尿管走行部位可显示结石影。

3.3.3 妇产科疾病

对于女性患者，尤其是育龄期女性，应与多种妇产科疾病相鉴别。如急性盆腔炎、宫外孕破裂、卵巢囊肿蒂扭转、卵巢滤泡或黄体破裂出血等，其多发病急，起病即出现下腹部疼痛，严重者可伴有休克症状。妇科检查有相关阳性体征，妇科超声有助于进一步诊断。

3.3.4 急性肠系膜淋巴结炎

多见于儿童，常与上呼吸道感染并发，病起即有高热，腹痛初期位于右下腹，压痛相对较轻、范围较广、部位较阑尾炎高且近内侧；如系多个肠系膜淋巴结炎时，其压痛部位与肠系膜根部方向符合；腹膜炎体征不明显。压痛部位可随患者体位的不同而改变是本病的一个显著特点。

3.3.5 其他

此外，有时还需与回盲部肿瘤、急性肠胃炎、右肺下叶大叶性肺炎和右侧胸膜炎、急性胆囊炎、Meckel 憩室炎等疾病进行鉴别。

4 辨证

4.1 瘀滞证

转移性右下腹痛，呈持续性、进行性加剧，右下腹局限性压痛或拒按；伴恶心纳差，可有轻度发热；苔白腻，脉弦滑或弦紧。

4.2 湿热证

腹痛加剧，右下腹压痛、反跳痛，腹皮挛急；部分患者右下腹可扪及包块；壮热、纳呆，恶心呕吐，便秘或腹泻；舌红苔黄腻，脉弦数或滑数。

4.3 热毒证

腹痛剧烈，整个下腹部压痛，部分患者全腹压痛、反跳痛，腹皮挛急；高热不退或恶寒发热，时时汗出，烦渴，恶心呕吐，腹胀，便秘或排便不爽；舌红绛而干，苔黄厚干燥或黄糙，脉洪数或细数。

5 治疗

5.1 治疗原则

中医治疗肠痈的方法主要包括内治法和外治法。肠属六腑，以通为用，通里攻下是其立法的关键；痈疽皆是火毒生，清热解毒是其贯彻始终的治疗大法；热积肠腑，阻碍气机，继而肠腑脉络瘀阻，行气活血也是其重要治法。中医中药治疗在肠痈的非手术治疗中发挥着重要作用，但反复发作或病情严重者，应及时采取手术和中西医结合治疗。

5.2 分证论治

5.2.1 瘀滞证

治法：行气活血，通腑泄热。

方药：大黄牡丹汤（《金匮要略》）加减。（推荐强度：B，证据级别：Ⅰb）

组成：大黄（后下）、牡丹皮、桃仁、芒硝（冲服）、冬瓜仁。

加减：气滞重者，加青皮、枳实、厚朴；瘀血重者，加丹参、赤芍；恶心者加姜半夏、竹茹。

5.2.2 湿热证

治法：通腑泄热，利湿解毒。

方药一：大黄牡丹汤（《金匮要略》）合红藤煎剂（《中医方剂临床手册》）加败酱草、蒲公英。（推荐强度：B，证据级别：Ⅰa）

组成：大黄（后下）、牡丹皮、桃仁、冬瓜仁、芒硝（冲服）、红藤、金银花、紫花地丁、连翘、乳香、没药、延胡索、甘草、败酱草、蒲公英。

方药二：复方大柴胡汤（《中西医结合治疗急腹症》）加减。（推荐强度：C，证据级别：Ⅰb）

组成：柴胡、黄芩、川楝子、延胡索、白芍、大黄（后下）、枳壳、木香、甘草、蒲公英。

加减：湿重者加藿香、佩兰、薏苡仁；热甚者加黄芩、黄连、生石膏；右下腹包块加炮山甲、皂刺。

5.2.3 热毒证

治法：通腑排脓，养阴清热。

方药：大黄牡丹汤（《金匮要略》）合透脓散（《外科正宗》）加减。（推荐强度：B，证据级别：Ⅰb）

组成：大黄（后下）、牡丹皮、桃仁、芒硝（冲服）、冬瓜仁、生黄芪、当归、炒山甲（先煎）、川芎、皂角刺。

加减：若持续性高热或往来寒热，热在气分者加白虎汤，热在血分者加犀角地黄汤；腹胀者加厚朴、青皮；口干舌燥者加生地、玄参、石斛、天花粉。

若见精神委顿，肢冷自汗，或体温不升反降，舌质淡，苔薄白，脉沉细等，此为阴损及阳，治宜温阳健脾，化毒排脓，方用薏苡附子败酱散（《金匮要略》）合参附汤（《圣济总录》）加减。（推荐强度：B，证据级别：Ⅰb）。

组成：薏苡仁、附子、败酱草、人参。

病情较重时，易生变证，要严密观察，若病情发展，应及时手术治疗。

5.3 外治法（推荐强度：C，证据级别：Ⅰb）

——芒硝 200～300g，装入布袋中，外敷于患处，2 次/日。（专家共识）

——大黄粉、芒硝按照 2∶1 比例加醋调成糊状，装入纱布袋中外敷于右下腹部，每日更换一次。

——双柏散（经验方，组成：侧柏叶 60g，大黄 60g，关黄柏 30g，泽兰 30g，薄荷 30g），蜜调外敷右下腹，1 次/日。

——如意金黄散以浓茶水冲调成糊状，外敷于右下腹，1 次/日。

——可按辨证分型推荐的方药给予直肠滴注，2 次/日。（专家共识）

5.4 针刺法（推荐强度：C，证据级别：Ⅰb）

5.4.1 体针

主穴取阑尾穴、上巨虚、足三里、血海、合谷；发热者加曲池、内庭；恶心、呕吐者加内关、中脘；剧痛者加天枢，手法用泻法。每次留针 30 分钟，每日 2～4 次，加用电针可提高疗效，或强刺激 2～3 分钟，不留针。

5.4.2 耳针

以阑尾、交感、神门、大肠为主穴，选取 2～3 个反应明显穴位，给予强刺激，留针 30 分钟，每日 2 次。

5.5 手术

中医中药治疗期间病情进展加重，应尽早行手术治疗和中西医结合治疗；如反复发作的慢性阑尾炎或不能排除肿瘤的患者也应考虑手术治疗。

6 预防与调护（推荐强度：C，证据级别：Ⅰb）

6.1 预防

避免饮食不洁，暴食奔走，养成规律性排便习惯；防止腹部受凉；生活规律，劳逸结合。

6.2 调护

——消除患者心理焦虑和恐惧。

——可根据食欲情况给予清淡饮食或半流食，并发腹膜炎患者应根据病情给予减少饮食量或暂禁饮食。

——患病期间应卧床休息，对并发腹膜炎及阑尾周围脓肿的病人应采取半卧位，防止过早下床活动，严密观察病情变化。

——观察期间慎用或禁用镇痛剂。

参 考 文 献

［1］李曰庆.中医外科学：普通高等教育"十一五"国家级规划教材［M］.北京：中国中医药出版社，2007：318-321.

［2］陈红风.中医外科学：卫生部"十二五"规划教材［M］.北京：人民卫生出版社，2015：384-387.

［3］陈孝平，汪建平.外科学："十二五"普通高等教育本科国家级规划教材［M］.北京：人民卫生出版社，2013：385-388.

［4］陈志强，蔡炳勤，招伟贤.中西医结合外科学：中国科学院教材建设专家委员会规划教材［M］.北京：科学技术出版社，2008：242-244.

［5］邓芳芳，曹淼，张文兴，等.大黄牡丹汤恢复急性阑尾炎术后肠功能的Meta分析［J］.中国中西医结合外科杂志，2015（2）：124-127.（中医文献依据分类：Ⅰa；AMSTAR量表评分：4分）

［6］宋俊生，薛晓焕，熊俊，等.大黄牡丹汤及其加减方治疗阑尾周围脓肿的系统评价［J］.辽宁中医杂志，2010（12）：2273-2278.（中医文献依据分类：Ⅰa；AMSTAR量表评分：4分）

［7］施建波.中西医结合疗法治疗阑尾周围脓肿临床研究［J］.实用中西医结合临床，2014，14（1）：78-79.（中医文献依据分类：Ⅰb；Jadad量表评分：2分）

［8］陈建峰.中西医结合保守治疗急性单纯性阑尾炎临床研究［J］.新中医，2016（3）：74-76.（中医文献依据分类：Ⅰb；Jadad量表评分：2分）

［9］廖超平.中西医结合非手术治疗阑尾炎的效果评价［J］.中医学报，2013（B12）：44-45.（中医文献依据分类：Ⅰb；Jadad量表评分：2分）

［10］李楠.中西医结合治疗急性单纯阑尾炎的疗效观察［J］.中西医结合心血管病电子杂志，2015，3（21）：20.（中医文献依据分类：Ⅰb；Jadad量表评分：2分）

［11］王晓磊.中西医结合治疗急性阑尾炎临床观察［J］.中国中医急症，2014，23（6）：1161-1162.（中医文献依据分类：Ⅰb；Jadad量表评分：2分）

［12］黄建国，王敏.大黄牡丹皮汤治疗急性阑尾炎疗效分析［J］.中国误诊学杂志，2008，8（33）：8153-8154.（中医文献依据分类：Ⅰb；Jadad量表评分：2分）

［13］宋俊生，薛晓焕，熊俊，等.大黄牡丹汤及其加减方治疗阑尾周围脓肿的系统评价［J］.辽宁中医杂志，2010，37（12）：2273-2278.（中医文献依据分类：Ⅰa；AMSTAR量表评分：4分）

［14］靳素萍.中西医结合治疗急性阑尾炎100例［J］.中国医药指南，2008，6（23）：332-333.（中医文献依据分类：Ⅰb；Jadad量表评分：2分）

［15］薛战国.薏苡附子败酱散联合大黄牡丹汤治疗急性阑尾炎的临床疗效［J］.临床合理用药杂志，2016，9（3）：121-122.（中医文献依据分类：Ⅰb；Jadad量表评分：2分）

［16］张永国，霍成香.大黄牡丹汤配合西药治疗阑尾周围脓肿87例［J］.陕西中医，2009，30（5）：542-543.（中医文献依据分类：Ⅰb；Jadad量表评分：2分）

［17］徐维华，汪立鑫，赵兰，等.大黄、芒硝外敷辅助治疗阑尾周围脓肿95例［J］.山东医药，2011，51（22）：77-78.（中医文献依据分类：Ⅰb；Jadad量表评分：2分）

［18］王明明，郑芹林．精制芒硝治疗阑尾周围脓肿的临床对比研究［J］．医药前沿，2015，5（36）：372－373．（中医文献依据分类：Ⅰb；Jadad 量表评分：2 分）

［19］王萍．大蒜加芒硝治疗阑尾脓肿的临床研究［J］．实用心脑肺血管病杂志，2011，19（2）：222－223．（中医文献依据分类：Ⅰb；Jadad 量表评分：2 分）

［20］翟淑萍，刘增军，陈佩仪，等．双柏散治疗急性阑尾炎疗效观察［J］．新中医，2011（12）：54－55．（中医文献依据分类：Ⅰb；Jadad 量表评分：2 分）

［21］谢江平，张夕凉，刘刚，等．如意金黄散外敷治疗阑尾周围脓肿临床观察［J］．中医药临床杂志，2014（12）：1269－1270．（中医文献依据分类：Ⅰb；Jadad 量表评分：2 分）

［22］马涌杰，黄祥，王齐．大黄、芒硝外敷治疗阑尾周围脓肿临床分析［J］．中外医学研究，2012，10（2）：114．（中医文献依据分类：Ⅰb；Jadad 量表评分：2 分）

［23］王佳禾．中药保留灌肠加外敷治疗急性阑尾炎临床观察［J］．辽宁中医杂志，2004，31（2）：139．（中医文献依据分类：Ⅱb；Jadad 量表评分：2 分）

［24］陈志华，陈科．中药、针灸联合抗生素治疗阑尾周围脓肿疗效观察［J］．现代中西医结合杂志，2007，16（19）：2682－2683．（中医文献依据分类：Ⅰb；Jadad 量表评分：2 分）

［25］邢滔．中药结合针灸保守治疗急性单纯性阑尾炎 80 例疗效观察［J］．浙江中医药大学学报，2012，36（3）：315－316．（中医文献依据分类：Ⅰb；Jadad 量表评分：2 分）

［26］王东梅，陈静，姜桂云．阑尾炎的中西医结合治疗与辨证施护［J］．医学信息（旬刊），2011，24（7）：3134－3135．（中医文献依据分类：Ⅰb；Jadad 量表评分：2 分）

［27］王建华．中医辨证护理对急性阑尾炎患者协同增效及心理状态的影响［J］．西部中医药，2012，25（5）：98－100．（中医文献依据分类：Ⅰb；Jadad 量表评分：2 分）

［28］方惠英，叶刚．中西医结合保守治疗急性单纯性阑尾炎疗效与护理观察［J］．新中医，2015（4）：309－311．（中医文献依据分类：Ⅰb；Jadad 量表评分：2 分）

ICS 11.120
C 05

团 体 标 准

T/CACM 1312—2019
代替 ZYYXH/T197—2012

中医外科临床诊疗指南
胆石症

Clinical guidelines for diagnosis and treatment of surgery in TCM
Cholelithiasis

2019-01-30 发布

2020-01-01 实施

中华中医药学会 发布

前　　言

本指南按照 GB/T 1.1—2009 给出的规则起草。

本指南代替了 ZYYXH/T197—2012 中医外科常见病诊疗指南·胆石症，与 ZYYXH/T197—2012 相比，主要技术变化如下：

——修改了胆石症的术语和定义（见 2，2012 年版的 2）；

——修改了临床表现（见 3.1，2012 年版的 3.1.1）；

——修改了实验室检查（见 3.2.1，2012 年版的 3.1.2.1）；

——修改了影像学检查（见 3.2.2，2012 年版的 3.1.2.2）；

——删除了其他检查（见 2012 年版的 3.1.2.3）；

——增加了与右肾绞痛壶腹癌或胰头癌的鉴别（见 3.3.3，3.3.4）；

——删除了与先天性胆管扩张症、肝脓肿、胆道蛔虫病的鉴别（见 2012 年版的 3.2.1，3.2.4，3.2.5）；

——删除了辨证中的肝胆血瘀证（见 2012 年版的 4.4）；

——修改了胆石症的治疗原则（见 5.1，2012 年版的 5.1）；

——修改了分证论证中肝阴不足证的主方（见 5.2.2，2012 年版的 5.2.2）；

——删除了分证论治中肝胆血瘀证（见 2012 年版的 5.2.4）；

——修改了中成药（见 5.3，2012 年版的 5.3）；

——修改了体针的应用（见 5.4，2012 年版的 5.5）；

——增加了电针、耳针、耳穴贴压（见 5.4）；

——修改了外治法（见 5.5，2012 年版的 5.4）；

——增加了外治的贴敷疗法（见 5.5）；

——增加了治疗的推荐等级（见 5）；

——增加了预防与调护（见 6）；

——增加了附录耳穴贴压操作流程；

——增加了参考文献。

本指南由中华中医药学会提出并归口。

本指南主要起草单位：宁夏回族自治区中医医院。

本指南参加起草单位：山东中医药大学附属医院、上海中医药大学附属龙华医院、上海中医药大学附属曙光医院、首都医科大学附属北京中医院、广西右江民族医学院附属医院、甘肃省中医院、甘肃中医药大学附属医院、江西中医药大学附属医院、宁夏医科大学附属总院、宁夏平罗县中医院等。

本指南主要起草人：贺安利、周永坤、唐乾利、张静喆、黄建平、吴辰东、王万春、赵春霖、赵铁华、马晓勇、苏玉国、王海等。

本指南于 2012 年 7 月首次发布，2019 年 1 月第一次修订。

引　言

胆石症是外科常见病、多发病，传统中医药治疗本病有明确的疗效。2012 年发布的 ZYYXHT197—2012 中医外科常见病诊疗指南·胆石症基本规范了中医外科对胆石症的临床诊断、辨证、治疗，为临床医师提供了针对胆石症的中医标准化处理策略与方法。但在临床运用的过程中，发现该指南尚存在一些不足之处，如诊断与鉴别诊断未尽详，在中医辨证中的某些证型不符合临床实际，中医外治法不全面且缺少详细的操作方法，缺少预防与调护措施等。基于以上原因，对本指南进行补充、修订、更新就尤为重要。本次修订依据临床研究的最新进展和技术方法，以期形成比前版更为科学、规范、严格，更适应临床，更具有普遍指导价值和实用性的新版循证性胆石症中医临床诊疗指南。

本次修订基于循证医学证据的收集、现代文献的评价、国内中医专家经验的搜集和整理，按照指南相关内容进行统计分析，参照德尔菲法进行专家调查问卷，将循证证据和专家共识进行结合。同时，此次修订工作开展了临床一致性评价及方法学质量评价，避免了指南在实施过程中由于地域差异造成的影响，最大程度上保证指南的科学性、实用性及规范性，以便本版指南的推广实施。

修订后的指南反映了近年来中医外科胆石症的最新临床研究进展及专家共识，不仅修正了本疾病的定义、诊断及鉴别诊断，更正了辨证内容，突出了外治法的临床应用，还增加了治疗的推荐等级，以及胆石症的预防与调护，并补充了相关参考文献。

中医外科临床诊疗指南　胆石症

1　范围

本指南规定了胆石症的定义、诊断、辨证、治疗、预防及调护。

本指南适用于胆石症的诊断和治疗。

2　术语和定义

下列术语和定义适用于本指南。

2.1

胆石症 Cholelithiasis

胆石症是指胆道系统（包括胆囊与肝内外胆管）的任何部位发生结石的疾病。根据其临床表现和文献描述，属于中医"胆胀""胁痛""结胸""黄疸"等范畴。相当于西医的"胆石病"[2]或"胆道结石"。

3　诊断

3.1　临床表现

胆石症的临床表现与胆石的位置、大小、是否发生嵌顿梗阻和梗阻程度，以及有无并发症等诸多因素有关。

约半数以上的单纯性胆囊结石患者可无症状，有些病例仅在体检或尸检时才被发现。

症状：右上腹或上腹部隐痛、胀痛、绞痛，可向右肩胛部和背部放射，可有餐后上腹饱胀不适、嗳气、打嗝、消化不良等症状。多在饱餐、进食油腻食物后症状明显，或伴恶心呕吐、发热寒战和黄疸等症状，可有胆绞痛及急性胆囊炎发作史。

体征：多有剑突下或右上腹压痛，或可扪及肿大之胆囊，并有触痛。

3.2　检查

3.2.1　实验室检查

胆石症合并急性胆囊炎时可有白细胞及中性粒细胞计数增高，血清转氨酶和碱性磷酸酶升高。合并急性胆管炎有血白细胞及中性粒细胞计数增高，C反应蛋白升高，血清转氨酶和碱性磷酸酶升高。伴有梗阻性黄疸时血清总胆红素及结合胆红素增高，尿胆红素可升高，凝血酶原时间延长。

3.2.2　影像学检查

超声检查：提示胆囊结石，或胆总管扩张、胆总管内有结石，或肝内胆管结石。

必要时可行磁共振胰胆管成像（MRCP）、内镜超声（EUS）、经皮穿刺胆道造影（PTC）、经内镜逆行胰胆管造影（ERCP）、CT等检查，有助于诊断。

3.3　鉴别诊断

3.3.1　胃、十二指肠溃疡合并穿孔

胃、十二指肠溃疡穿孔是常见的外科急腹症。临床表现以骤然胃脘部痛如裂，随即延至全腹，腹肌紧张呈板状腹。腹部立位平片可见膈下游离气体。腹腔穿刺有淡黄色浑浊液或食物残渣等可资鉴别。

3.3.2　急性胰腺炎

胆道疾病是急性胰腺炎最常见的致病危险因素。急性胰腺炎临床表现为脘腹持续剧痛，左上腹为甚，范围较广，腹胀，伴恶心、呕吐，血、尿淀粉酶升高。按病理分类，本病可分为急性水肿性胰腺炎和急性出血坏死性胰腺炎。增强CT检查可协助鉴别。

3.3.3 右肾绞痛

多因右肾或输尿管结石导致，始发于右腰或胁腹部，可向右股内侧或外生殖器放射，伴肉眼或镜下血尿，无发热，腹软，无腹膜刺激征，右肾区叩击痛或脐旁输尿管行程压痛。腹部平片、B超有助于诊断。

3.3.4 壶腹癌或胰头癌

黄疸者需做鉴别，该病起病缓慢，黄疸呈进行性加重，可无腹痛或腹痛较轻、或仅有上腹不适，一般不伴寒颤、高热，体检时腹软，无腹膜刺激征，肝大，常可触及肿大胆囊；晚期有腹水或恶病质。ERCP或MRCP和CT有助于诊断。EUS对鉴别诊断有较大帮助。

3.3.5 其他疾病

胆石症还需与胆道蛔虫、心绞痛或急性心梗、急性病毒性肝炎、胃溃疡、胃炎等疾病相鉴别。

4 辨证

4.1 肝胆气郁证

右上腹隐痛，胀闷不适，走窜不定，痛引背肩，疼痛与情志变化有关；伴纳差、口苦、郁闷、善太息；舌质淡，舌苔薄白或微黄，脉弦。

4.2 肝阴不足证

胁下胀满或隐痛，痛势绵绵，肩背部放射痛，进食油腻后加重；头目眩晕，口苦，咽干引饮，纳谷不香，心中烦热，乏力，妇女可见经少而淡；舌尖红有刺或有裂纹，舌苔少或无苔，脉细数。

4.3 肝胆湿热证

起病急骤，胁脘绞痛，腹肌强直，拒按，可触及痛性包块；发热或寒热往来，口黏苦，恶心呕吐，不思饮食，肌肤颜色黄似橘色，大便干结，小便赤黄；舌质红，舌苔黄腻，脉弦滑或滑数。

4.4 脓毒蕴结证

脘胁疼痛较重，痛引背肩，腹肌强直，腹部压痛拒按或有包块；高热烦躁，神昏谵语，皮肤瘀斑，鼻衄，齿衄，口干咽苦，面赤或全身深黄色，大便干结，小便黄赤，四肢厥冷，脉微欲绝；舌质红绛或有瘀斑，舌苔黄干、灰黑或无苔，脉弦涩。

5 治疗

5.1 治疗原则

胆石症的治疗目的：缓解症状，减少复发，消除结石，避免并发症的发生。

中医治疗基本原则：疏肝利胆，和降通腑。

排石疗法对胆管结石者排石治疗效果肯定。对结石性胆囊炎效果差，且可引起急性化脓性胆管炎、缩窄性十二指肠乳头炎等。

围手术期应用中医中药干预可以降低残石率，减少复发率，提高病人生活质量。

如病情严重、非手术治疗无效，应在初步诊断的基础上及时进行手术治疗。

5.2 分证论治

5.2.1 肝胆气郁证

治法：疏肝理气，利胆排石。

主方：柴胡疏肝散（《景岳全书》）加减。（证据分级：Ⅲ，推荐级别：D级）

常用药：柴胡、陈皮、川芎、香附、白芍、枳壳、甘草、金钱草、郁金、鸡内金、大黄、川楝子、木香、延胡索等。

5.2.2 肝阴不足证

治法：养阴柔肝，疏肝利胆。

主方：一贯煎加减（《柳州医话》）加减。（证据分级：Ⅲ，推荐级别：D级）

常用药：北沙参、麦冬、当归、生地黄、枸杞子、川楝子、金钱草、鸡内金、郁金、柴胡等。

5.2.3 肝胆湿热证

治法：清热利湿，疏肝利胆。

主方：茵陈蒿汤（《伤寒论》）合大柴胡汤（《伤寒论》）加减。（证据分级：Ⅲ，推荐级别：D 级）

常用药：茵陈、栀子、大黄、柴胡、枳实、黄芩、半夏、白芍、生姜、大枣、金钱草、鸡内金、生地、虎杖、木香、延胡索等。

5.2.4 脓毒蕴结证

治法：泻火解毒，清肝利胆。

主方：茵陈汤（《伤寒论》）合黄连解毒汤（《外台秘要》）加减。（证据分级：Ⅲ，推荐级别：D 级）

常用药：茵陈、栀子、大黄、黄连、黄柏、黄芩、金钱草、鸡内金、柴胡、郁金、玄参、麦冬、石膏、金银花、天花粉、人参、附子等。

5.3 中成药

按照胆石症的辨证分型依据药品说明等因素选用合适的中成药。

胆宁片，疏肝利胆，通下清热，适用于气郁湿热型胆石症。（证据分级：Ⅰ，推荐级别：B 级）

利胆排石片，清热，祛湿，利胆。适用于湿热蕴毒，腑气不通证。（推荐级别：D 级）

5.4 针灸疗法

5.4.1 体针

常用穴位有胆俞、阳陵泉、胆囊穴、期门、日月、太冲、中脘、足三里、合谷、内关、曲池、至阳等。

5.4.2 电针疗法

取右胆俞（接阴极），右胆囊穴或日月或梁门、太冲（接阳极）。进针得气后接电针仪，连续20~30分钟，每日2次。（证据分级：Ⅰ，推荐级别：A 级）

5.4.3 耳针疗法

取神门、交感，配肝、胆、十二指肠穴或耳郭探及敏感区，选反应明显的2~3个穴位，重刺激，留针30分钟，每日2次。（推荐级别：D 级）

5.4.4 耳穴贴压

取肝、胰胆、三焦、脾、胃为主穴。辨证加减：肝胆气滞型加交感、肺、内分泌；湿热壅滞型加耳尖、肝阳、肾上腺。（证据分级：Ⅱ，推荐级别：C 级）

5.5 外治法

5.5.1 敷贴疗法

白芷10g，花椒15g，苦楝子50g，葱白、韭菜兜各20g，白醋50g。先将白芷、花椒研细末，再将韭菜兜、葱白、苦楝子捣烂如泥，用白醋将上药拌匀调成糊状，贴敷于中脘穴周围。24 小时更换 1 次。可连贴2~4次，有解痉止痛作用，用于脘腹绞痛者。（推荐级别：D 级）

5.5.2 肛滴疗法

用大承气汤加莱菔子、延胡索、郁金、金银花、蒲公英、茵陈、金钱草、柴胡，水煎浓缩至200mL。采用普通灌肠法，将药液注入肛门内约15cm，以每分钟20~30滴速度缓慢滴入。（推荐级别：D 级）

6 预防与调护

——畅情志，调气机，注意劳逸适度。

——规律的体育活动，维持理想体重。

——健康的生活方式与饮食（尤其注意早餐）。

——积极治疗胆道感染，预防胆道蛔虫。

附录 A 耳穴贴压操作流程

（规范性附录）

A.1 操作方法

A.1.1 寻找反应点：根据疾病需要确定处方后，在选用穴区内寻找反应点。寻找方法可用探针、火柴头、针柄按压，有压痛处即为反应点。亦可用测定耳部皮肤电阻（耳穴探测仪）的方法，其皮肤电阻降低，导电量明显增高者即为反应点，反应点就是针刺的部位。

A.1.2 消毒：用75%酒精，或先用2%碘酒，后用75%酒精脱碘。

A.1.3 将材料粘附在0.5×0.5cm大小的胶布中央，以镊子夹持贴敷于耳穴上，并给予适当按压，使耳郭有发热、胀痛感（即"得气"）。一般每次贴压一侧耳穴，两耳轮流，3天一换，也可两耳同时贴压。目前临床多用磁石、菜籽、王不留行等作压迫刺激。

A.1.4 在耳穴贴压期间，应嘱患者每日自行按压数次，每次每穴1～2分钟，每日2～3次。使用此法时，应防止胶布潮湿或污染。

A.1.5 疗程：一般每天或隔天1次，连续7～10次为一疗程，休息几天后，再行下一疗程。

A.2 注意事项

——严密消毒，预防感染。耳郭冻伤和有炎症的部位禁针。若见针眼发红，病人又觉耳部胀痛，可能有轻度感染时时，应及时用2%碘酒涂擦，或口服消炎药。

——个别患者胶布过敏，局部出现红色粟粒样丘疹并伴痒感，宜改用他法。

——耳针亦可发生晕针，需注意预防处理。

——按压时，切勿揉搓，以免搓破皮肤，造成感染。

参 考 文 献

［1］李曰庆．中医外科学："十二五"普通高等教育本科国家级规划教材［M］．北京：中国中医药出版社，2012．

［2］陈孝平，汪建平．外科学．北京：人民卫生出版社，2014．

［3］中华中医药学会．中医外科常见病诊疗指南：ZYYXH/T177－202—2012［M］．北京：中国中医药出版社，2012．

［4］杨柳，徐志峰．中医外科学：普通高等教育"十二五"国家级规划教材．北京：科学出版社，2013．

［5］欧洲肝病研究学会．胆石症临床实践指南．JHepatoi，2016．

［6］于德春，郑启云．临床疾病诊断标准与国家体检标准［M］．沈阳：辽宁科技出版社，1991：51－57．

［7］中国中西医结合学会消化系统疾病专业委员会．胆石症中西结合诊疗共识［J］．中国中西医结合杂志，2011，31（8）：1041－1043．

［8］罗云坚，余绍源．消化病专科：中医临床诊治［M］．北京：人民卫生出版社，2000：401－433．

［9］中华消化杂志编辑委员会．中国慢性胆囊炎、胆囊结石内科诊疗共识意见（2014年，上海）．中华消化杂志，2015，31（1）：7－11．

［10］郭辉，现代中医临床学［M］．北京：中国医药科技出版社，1998．

［11］顾宏刚．张静喆，等，1042例上海地区胆石病辨证分型［J］．中医杂志，2011，18：1577－1580．（证据等级：Ⅲ；MINORS量表评分13分）．

［12］宋曼萍．变频电针治疗胆石症的临床观察［J］．中国针灸，2006（11）：772－774．（证据等级：Ⅰ；改良Jadad量表评分3分）．

［13］陈少宗，郭珊珊，郭振丽，针刺治疗慢性胆囊炎、胆石症的取穴现状分析［J］．针灸临床杂志，2009（1）：6－8．

［14］隆更初，冒爱红．耳穴压丸疗法在治疗老年胆石症患者中的应用［J］．现代医药卫生，2006（18）：2844－2845．（证据等级：Ⅲ；MINORS量表评分13分）

［15］龚伟达，杨松，喻荣斌，等，饮食因素与胆石病关系的病例对照研究［J］，江苏医药杂志，2003，29（1）：44－45．

［16］刁永红，韩秀华，等，电针治疗胆石症的临床观察［J］．针灸临床杂志，2010（9）：36－38．（证据等级：Ⅰ；改良Jadad量表评分：3分）

［17］宋民宪，郭维佳．新编国家中成药［M］．北京：人民卫生出版社，2002：75，112，467，468．

［18］朱培庭，张静喆．胆宁片治疗气郁型慢性胆道感染、胆石病的临床研究［J］．上海中医药杂志，1990（5）：18－20．（证据等级：Ⅰ；改良Jadad量表评分：4分）

［19］王伟，胆石症的中医辨证用药分析［J］．黑龙江中医药，2014（5）：21－22．

［20］陈军，刘雅莉，等．中成药治疗胆石症有效性与安全性的系统评价［J］．中国循证医学杂志

2010 (3): 356 – 361.

[21] 张红英，朱培庭教授对胆石症生活调养经验撷拾 [J]. 中医药学刊，2002，20 (9): 7，9.

[22] 朱沁，电针俞募穴为主配合空腹脂餐治疗胆石症临床研究 [J]. 湖北中医杂志，2009 (5): 51 – 52. （证据等级：Ⅰ；改良 Jadad 量表评分：3 分）。